少年趣味科学丛书

奇妙 的

QI MIAO DE BING QI

詹以勤 主编

苏刚 著

兵器

广西科学技术出版社

图书在版编目（CIP）数据

奇妙的兵器 / 苏刚著 . — 南宁：广西科学技术出版社，
2012.6（2020.6 重印）

（少年趣味科学丛书）

ISBN 978-7-80619-782-0

Ⅰ．①奇… Ⅱ．①苏… Ⅲ．①武器—少年读物
Ⅳ．① E92-49

中国版本图书馆 CIP 数据核字（2012）第 141997 号

少年趣味科学丛书

奇妙的兵器

苏刚　著

责任编辑 赖铭洪		**封面设计** 叁壹明道	
责任校对 陈业槐		**责任印制** 韦文印	

出 版 人　卢培钊

出版发行　广西科学技术出版社

　　　　　　（南宁市东葛路 66 号　邮政编码 530023）

印　　刷　永清县晔盛亚胶印有限公司

　　　　　　（永清县工业区大良村西部　邮政编码 065600）

开　　本　700mm×950mm　1/16

印　　张　13

字　　数　168 千字

版　　次　2012 年 6 月第 1 版

印　　次　2020 年 6 月第 4 次印刷

书　　号　ISBN 978-7-80619-782-0

定　　价　25.80 元

代序　致21世纪的主人

钱三强

　　时代的航船已进入 21 世纪，这个时期，对我们中华民族的前途命运来说，是个关键的历史时期。现在10岁左右的少年儿童，到那时就是驾驭航船的主人，他们肩负着特殊的历史使命。为此，我们现在的成年人都应多为他们着想，为把他们造就成 21 世纪的优秀人才多尽一份心，多出一份力。人才成长，除了主观因素外，客观上也需要各种物质的和精神的条件，其中，能否源源不断地为他们提供优质图书，对于少年儿童，在某种意义上说，是一个关键性条件。经验告诉人们，一本好书往往可以造就一个人，而一本坏书则可以毁掉一个人。我几乎天天盼着出版界利用社会主义的出版阵地，多为我们 21 世纪的主人多出好书。广西科学技术出版社在这方面做出了令人欣喜的贡献。他们特邀我国科普创作界的一批著名科普作家，编辑出版了大型系列化自然科学普及读物——《少年科学文库》（以下简称《文库》）。《文库》分"科学知识"、"科技发展史"和"科学文艺"三大类，约计100种。现在科普读物已有不少，而《文库》这批读物特有魅力，主要表现在观点新、题材新、角度新和手法新，内容丰富、覆盖面广、插图精美、形式活泼、语言流畅、通俗易懂，富于科学性、可读性、趣味性。因此，说《文库》是开启科技知识宝库的钥匙，缔造21世纪人才的摇篮，并不夸张。《文库》将成为中国少年朋友增长知识，发展智慧，促进成才的亲密朋友。

亲爱的少年朋友们，当你们走上工作岗位的时候，呈现在你们面前的将是一个繁花似锦、具有高度文明的时代，也是科学技术高度发达的崭新时代。现代科学技术发展速度之快、规模之大、对人类社会的生产和生活产生影响之深，都是过去无法比拟的。我们的少年朋友，要想胜任驾驭时代航船，就必须从现在起努力学习科学，增长知识，扩大眼界，认识社会和自然发展的客观规律，为建设有中国特色的社会主义而艰苦奋斗。

我真诚地相信，在这方面《文库》将会对你们提供十分有益的帮助，同时我衷心地希望，你们一定为当好21世纪的主人，知难而进，锲而不舍，从书本、从实践吸取现代科学知识的营养，使自己的视野更开阔、思想更活跃、思路更敏捷，更加聪明能干，将来成长为杰出的人才，为中华民族的科学技术走在世界的前列，为中国迈入世界科技先进强国之林而奋斗。

亲爱的少年朋友们，祝愿你们奔向21世纪的航程充满闪光的成功之标。

这本书告诉我们什么

　　武器也称兵器。直接用于杀伤敌人有生力量和破坏敌方作战设施的器械。古代有刀、矛、剑、弓箭；现代如刺刀、枪、炮、坦克、战斗飞机、战斗舰艇、火箭、导弹、化学武器、生物武器、核武器等。在人类历史上，武器的发展大致可以说经历了两次革命：第一次是由热兵器取代冷兵器；第二次是核武器的出现和装备部队。当前正面临着武器发展史上的又一次新的革命，一批崭新的威力空前的武器将陆续出现，这次武器革命对军事领域有着广泛而深远的影响，军队的编制、体制、作战思想、作战式样都将随之改变。武器种类繁多，每一种武器又包括众多的型号，体现了它的发展历程。在一本篇幅有限的书里全面介绍所有武器是不可能的，只能有所选择，有所取舍。重要的、现代的、新型的、有代表性的是本书首先选取的对象，同时也尽量照顾到武器发展的全面性、系统性。是否做到了这一点，只能由读者去评价了。阅读关于武器介绍类的图书，你可能在以下一些方面有所认识，有所收获。武器的发展代表了同时代科技发展的先进水平；武器的发展是一个国家综合国力的反映；武器的研制经历了漫长而艰辛的历程，甚至付出了血的代价；进攻性武器和防御性武器的发展常常是交错进行的；武器的任务是杀伤和破坏，但在一定条件下可以变害为利；对待武器威胁的态度，一是不怕，二是认真对待；制服武器的最好办法是把它摧毁；制胜的关键是武器的质量而不是数量；决定战争胜负的是人的因素，而不是一两件新武器；发展武器的目的是为了最终消灭武器。以上种种可能要在读完这本书以后才能体会到，开始读书吧！好吗？

苏　刚

目　录

积木式枪支
——组合式枪族

　　枪的发展已经有近 900 年的历史。中国古代发明火药以后，已经有人用火药制造武器。1132 年，南宋人陈规把火药装在竹管中，制成竹火枪，可以杀伤距离比较远的敌人，这种火枪应该算管形火器的祖先。由于竹管很容易被烧毁、炸裂，不能耐久使用，后来改用金属管，当时把这种武器叫火铳，发射的是石弹、铅弹或铁弹。

　　中国人发明的火药传到西方，大约在中国发明火枪以后 200 多年，欧洲才出现了最初的枪械——火门枪。早期的枪，枪管里光溜溜的，都是从枪口装填火药和枪弹，叫前装滑膛枪。士兵携带火源，比如火绳、烧热的铁丝等，从枪的后边点火发射，一旦遇到下雨，火药发潮、火源熄灭，这种枪就不能用了。这个时期枪支的枪管比较粗大，枪很笨重，使用不方便。经过长时间的改进，发明了从枪管后面装填弹药，而且枪管里刻上螺旋膛线的后装线膛枪。枪管里刻上螺旋膛线，使射出的弹丸做旋转运动，保持飞行稳定，提高了射击速度，增大了射击距离。后来德国人发明了金属弹壳子弹，用击针发射，枪的射击更方便了。自从法国研制成功无烟火药，由于这种火药威力大，子弹可以做得很小，步枪的枪管也可以改得小一些了。1888 年德国制造了发射无烟火药枪弹，口径为 7.92 毫米的毛瑟步枪，世界上第一枝真正的近代步枪终于诞生了。

5.8毫米枪族

经过许多年的发展，枪的种类越来越多，有步枪、轻机枪、重机枪、手枪、冲锋枪等，枪支好像是一个人口众多的大家庭。用不同种类的枪来完成不同的作战任务，无论指挥员、战斗员都很满意。但枪的品种多了反而出现了一些问题，比如，步枪、手枪的子弹都不相同，如果在作战时有一种子弹打光了，那么这个枪也就没用了。另外，在战斗中枪可能发生故障，需要修理，因为枪的品种不同，零件也就不一样，每种枪有几十种零件，因此，修理部门需要准备许多种零件，在前线现场修理几乎是不可能的。可见，枪的品种多，虽然是一件好事，但是也带来许多麻烦。枪械设计师们都在想办法，怎么样解决这个问题呢？

美国有一位枪械设计师，名字叫斯通纳，他是一位富于幻想和具有开拓精神的设计者。有一次他到幼儿园时看到儿童玩积木，受到启发，突然产生了灵感。他想，枪也是由很多零件组成的，如果能像搭积木一样，把一些零件结合起来就组成了步枪，把零件再重新一结合又变成了轻机枪。这样做，枪的零件可以通用，如果枪支出了故障修理起来就方便多了。有了这个思想，他就开始设计一种新的武器，在1966年的一次武器展览会上，他把设计出的积木式组合枪带到展览会上去表演。当时美国海军陆战队的司令看了很感兴趣。他看到，设计师把自动步枪拆开以后，没过几分钟，用这些零件很快组合成冲锋枪，然后还是利用这些零件再加上一些别的零件又组合成一架机枪，把机枪拆开以后又变成车用的机枪。同样的零件，按照不同的组合方式可以变成六种不同的枪，而且所有枪支都使用同一种子弹。设计师像变魔术一样，把大家都给吸引住了，司令员一高兴亲自试射了几次。后来大家把这种积木式的组合枪叫做斯通纳枪族，用这位美国工程师的名字给枪族命名。

　　这种枪族的设计出现以后，世界上很多国家军队都要求生产这种枪，因为这种枪族有几大优点：第一个优点是便于训练。因为枪支零件都一样，机械的结构也相同，学会了使用步枪，不用经过专门的训练就会使用同族的其他枪，打起仗来很灵活，敌人少的时候用步枪射击，敌人多了可以把步枪变成机枪使用。第二个优点是枪族使用同一种弹药。作战时只要携带一种子弹，各类枪枝可以通用，便于后勤供应。第三个优点是便于修理。特别是在作战期间，枪械坏了以后要及时抢修，枪族的零件互换，枪的修理非常方便。第四个优点是便于生产。枪族的零件相同，便于大批量生产，有利于降低成本。

　　枪族的设计是一个很巧妙的想法，现在各个国家都在设计制造供自己军队使用的枪族。世界上著名的枪族有，前苏联的 AK 枪族、德国的 HK 枪族、捷克的 URZ 枪族、以色列的家利尔枪族等。中国在1981 年也生产了一种 7.2 毫米口径的枪族，包括三种枪，二种步枪和一种轻机枪。二种步枪的枪托不一样，一种是固定枪托，另一种是折叠式枪托。这三种枪共有 65 种零件，可以组合使用，这种枪重量轻，精度好，操作简便。三种枪都使用同一种 7.62 毫米子弹，而且它的弹匣还有很多种，有的是放 30 发子弹的弹匣，有的可以放 75 发子弹的弹鼓，我国的军队已经装备了这种枪族作为步兵的主要武器。1995年，中国又研制出一种新型的小口径枪族，包括自动步枪、班用机枪等，这种 5.8 毫米枪族具有威力大、功能齐全等优点。与国外同类步

驻港部队英姿

枪对比试验，我国新枪族的步枪 100 米单发射击精度已达到国际先进水平。新枪族瞄准方式齐全，有机械式、简易夜瞄、可装白光瞄准镜和微光瞄准镜，实施全天候作战。另外，新枪族的重量较轻、枪身短，机动性好。枪支故障率低，在可靠性方面也达到了国际先进水平。1997 年香港回归时用这种枪族装备了驻港部队，引起国内外有关人士的极大兴趣。

轻便步枪

——小口径步枪

　　1984 年在美国洛杉矶举行的第 23 届奥运会上，我国选手许海峰以 566 环的优异成绩获得男子自选手枪射击冠军，为我国实现奥运会金牌零的突破做出了贡献。运动员比赛使用的枪叫运动枪，和军用枪比较，一般运动枪的口径较小。口径的大小是相对而言的，早期军用步枪的口径一般都在 8 毫米左右，后来世界上许多国家的军用步枪口径大都是 7.62 毫米，过去我们国家军队用的步枪也同样。步枪口径大一点好，还是小一点好，军事部门一直有争论。国际上把口径在 6 毫米以下的步枪叫小口径步枪。

　　步枪研制出来了以后成为步兵的主要兵器，用步枪射击敌人时，总希望步枪的射程远一点，子弹稍微大一点，至少在 500 米以上的距离发现敌人时，用步枪就能把他消灭。于是按照这个要求设计步枪，口径当然要大一点，这样它的射程就更远一些，当时把步枪的有效射程规定为 800～1000 米。但是，枪管口径大也带来一些问题。首先，枪的重量增加，子弹的重量也要增加，结果战士的负担也就加大了。步兵战士除去要携带枪支以外，还要携带很多其他装备，特别是在现代战争中，步兵还要带反坦克武器及防毒面具、急救包、口粮和水壶及其他装备。据统计，在执行长期丛林巡逻任务的步兵负重超过 27 千克，无线电报务员和迫击炮手负重还要更多些。通过对部队情况的仔细分析表明，步兵能负担的最大重量为21千克，超过这一限度，作战效率将急剧下降。如果子弹很重，携带数量就受到一定的限制，一旦子弹打光，枪也就没用了。看来减轻战士的负担，应该从减轻枪和弹的重量着手。

现代战争形式上发生了很大变化，步兵大多数情况下都是近战。和过去战壕对阵不同，步枪单发瞄准射击不灵了，需要用冲锋枪或机枪扫射，这叫做面积扫射。这时候要求枪的速度快，自动化的程度高，并不要求它能射得很远。在第二次世界大战以后，枪械设计师做过一些统计，真正作战时，步枪绝大部分是在400米距离以内开火，因此，步枪的射程可以设计得小些。在这种形势下，步枪设计就出现了小口径化的趋势，在20世纪60年代，美国首先研制了小口径步枪，口径是5.56毫米，叫做M16自动步枪。后来很多国家纷纷效仿设计出了自己的小口径步枪，到目前为止，世界上已经有近70多个国家和地区都装备了小口径步枪。

小口径步枪有很多优点。首先，枪和弹的重量减轻，子弹重量比原来7.62口径枪的子弹重量减少了1/3到1/2。这样，步兵可以携带子弹的数量就增加了好几倍，作战的持续力大大加强。由于小口径步

小口径步枪

枪弹的重量轻，射击枪的后坐力小，射手容易掌握，特别是在连发时射击的准确性高。子弹变小了，但火药的力量没有减小，因此子弹发射的速度一般都比较快。由于子弹发射速度快，杀伤的效果好，这也是它的最大优点。另外一点，由于小口径子弹的设计采取了一些新的方法，使得子弹射入肌体后变形，这样更增大了它的射击效果，杀伤力更强。难怪当年侵略越南的美军惊呼："宁愿让 7.62 毫米的子弹打个窟窿，也不能让 5.56 毫米的子弹命中。" M16 小口径步枪是侵越美军装备的主要步枪，这些步枪被越南人民军缴获以后，反过来用这种步枪对付美军，因此美军就有了这种感受。枪的口径减小，子弹减小，还可以节省铜和其他金属材料，降低成本。所以小口径步枪是目前国际上军事部门竞相发展的步枪，到现在为止各种传统步枪已经逐步被淘汰。

步枪的口径减小了，机枪口径能不能减小？世界上出现了两种完全相反的观点。支持口径减小的人认为，轻机枪有效射程不必达到1000 米，有 600 米就足够了，这样轻机枪也可以使用小口径步枪弹，实现步、机枪弹药通用化。反对口径小型化的人认为，轻机枪的有效射程必须达到 1000 米。缩小口径满足不了要求。后来对小口径枪弹作了改进，射程也可以加大，于是各国都把机枪的口径改小了。

我国在 1987 年生产了第一批小口径步枪，包括自动步枪和班用机

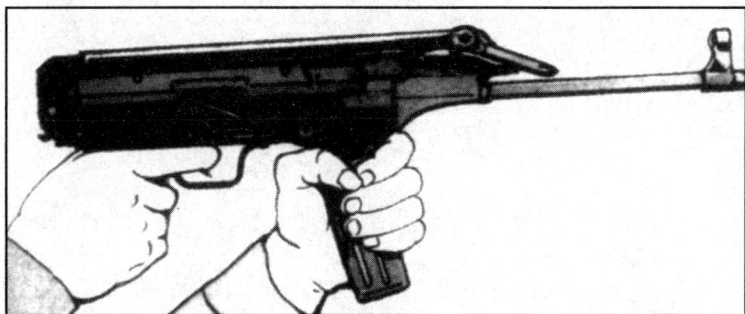

轻型冲锋枪

枪，口径是 5.8 毫米。后来又研制成功新的小口径枪族，1995 年时这种新型步枪已经定型生产，并且开始装备部队。我国的小口径步枪经过测试和国际上小口径步枪相比水平相当高，甚至比国外一些小口径步枪的性能还要好。此外，我国从20世纪60年代起开始运动竞赛用枪的研制，在第23届奥运会上，我国选手用自行设计生产的小口径运动步枪，在女子小口径标准步枪的射击比赛中，以 581 环的成绩又夺得一枚金牌，这反映了我国枪支生产的高水平也是对国产运动枪最好的赞誉。

简单化的枪支
——无壳弹枪

现代战争中，虽然各种武器的性能不断提高，但由于目标防护能力和机动性也在不断增强，因此，要想毁伤敌方的目标，并不是一件很容易的事情，消灭敌人必须消耗大量的弹药。专家曾经统计，在美国独立战争年代，步兵打死一个敌人，平均只需 17 发子弹，而在越南战争时期，同样消灭一个敌人，平均要消耗 50000 发子弹，几乎增加了 3000 多倍！这个数字听起来很惊人，但是事实确实如此。这么大的弹药消耗量，增加了部队后勤供给的负担及军费开支。对于步兵来说，携带许多子弹是一个沉重的负担，使战斗力下降。

长时间以来，许多从事兵器研究的科技人员一直在想怎么样才能设计出威力大、重量轻、打得准的步枪。解决办法不外乎有两种：一种办法是缩小步枪的口径，用小口径步枪取代过去经常使用的 7.62 毫米口径的步枪，枪和弹的重量可以减轻一些；第二种办法是发展一种全新的武器品种。为了改革，先从枪弹着手，枪弹由三部分组成，弹头、火药和弹壳。小口径枪弹的弹头已经减小了，不能再减。火药也不能减少，否则，子弹的力量就要减弱。唯一能减的重量就是子弹壳，在这种情况下，有人在想，能不能设计一种只有弹头和火药，没有弹壳的枪弹。这样不仅枪弹重量减轻了，而且将会出现一种新型的枪支。

在第二次世界大战期间，德国人开始研究无壳枪弹。把弹药加上胶合剂，然后把弹头包裹在弹药里，射击时把弹药点燃，散发出大量的气体，把弹头从枪管里发射出去。火药燃烧完毕，不会剩下什么东西，所以不需要像普通的步枪那样还得有一个专门的退壳机构，枪的结构可以大大简化，枪的重量还可以减轻。后来他们果然研究出来了G11无壳弹枪，是在 20 世纪 60 年代末期研究成功的。

要研制一种新型的无壳枪弹和枪械，有许多技术问题需要解决，难度最大的是使用什么样的弹药。常用的火药，当温度达到178℃时就会自己燃烧起来，无壳弹没有弹壳保护，火药暴露在外面，周围的温度比较高时，火药自己就会燃烧，太危险。另外，当枪支连续发射很多发子弹后，枪管就变热，如果再放进子弹，还没有等发射，枪弹自己就点着了，很不安全。科学家们费了很大的力气，发明了一种新型火药，这种火药自燃的温度从 178℃提高到 278℃。制成无壳弹，即使连续发射 100 发子弹，枪管的温度也不会使无壳弹自己燃烧。此外，其他一些技术难题也一一获得解决，这都为无壳弹枪的发明创造了条件。

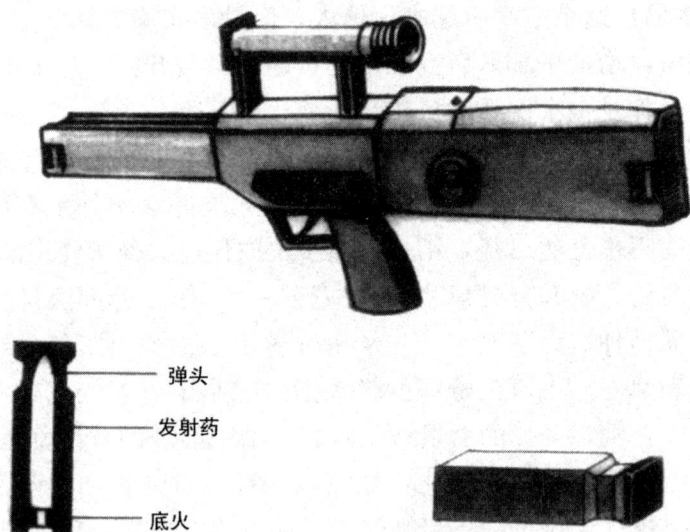

弹头
发射药
底火

无壳弹枪

无壳弹和使用无壳弹的枪有很多优点：最大的一个优点是减轻了枪和弹的重量，不仅仅节约了大量的金属材料，还减轻了步兵的负担。比如，德国研制的 G11 式无壳弹枪，它的口径是 4.7 毫米，一颗子弹的重量仅仅是 5 克。一枝枪加上 100 发无壳弹仅有 4.3 千克。相当一枝不带子弹的普通步枪的重量。一个战士携带普通小口径步枪子弹 200 发，如果改用无壳弹可以携带 480 发。枪弹带得多，可以增强士兵持续作战的能力。

第二个优点是无壳步枪在射击时不需要退壳等步骤，不但枪的结构简化，而且射击时枪比较稳定，后坐力也比较小，发射的速度更快，射击准确度好，武器的性能大大提高了。普通的步枪发射时，后坐力比较大，枪容易跳动，很难掌握。无壳子弹因为射击的过程比较简单，只有装填子弹和击发子弹动作，没有常规的步枪退壳等步骤，射击过程很短，当连射三发，弹头飞离枪口以后，后坐力才传到射手的肩膀上，这时枪再震动也没有什么关系了。

第三个优点，枪的结构简单，零件减少，枪支可以设计得很灵巧，便于携带和在战车里使用。普通步枪射击时，抛出许多子弹壳，到处乱滚，无壳弹就没有这个问题。

无壳枪弹没有金属的弹壳保护大概不够结实吧。不然，经试验从1.5 米高度落到钢板上也不会裂封。高温、低温、潮湿全不怕。用火烧弹头也不会飞散伤人。所以，无壳弹仍然是比较安全的。

无壳弹和无壳弹步枪发明后受到一致赞扬，有人说它是"革命性的新技术"。有人认为无壳弹技术至少应当与 1833 年发明后装枪具有同等重要的意义。既然无壳弹和无壳弹步枪有这么多的优点，为什么现在很多国家还不大量采用呢？原因有几个：第一，任何一种武器要想全部换装，涉及的问题有很多。那些旧的武器不可能完全淘汰，这会造成很大的浪费，由于最近十几年来各个国家纷纷在研究装备小口径步枪，5.56 毫米的小口径步枪刚刚换装完毕，在这种情况下要想再换成无壳步枪恐怕还要有一个过程，不可能马上再来一次更新；第二，关于无壳步枪的安全性问题。尽管科学家做了很多努力，但是在人的脑子里总有些怀疑，还希望经过一段时间的考验，另外，无壳枪连续发射以后，枪管升温，影响射击精度，因此，还要做一些改进。德国是最早发明无壳弹枪的国家，现在他们的部分部队正在试用，经过一段时间的考验，特别是经过实战考验以后，才有可能大量生产。

永不过时的冷兵器

——刺刀和匕首

　　长矛、刀剑是古代使用的冷兵器。现代士兵作战，特别是近战时，往往也要用刺刀进行白刃格斗。因为在近战时敌我双方的士兵都混战在一起，枪就不能使用了，开枪容易误伤自己人。

　　刺刀是从古代的长矛发展起来的，在一千多年前出现了火枪，早期的枪都是前装枪，射完一发子弹后再往枪里面装火药和子弹，时间比较长，这时，如果敌人突然冲上来了，那怎么办？只好在火枪手的旁边配备一个长矛手做掩护，一旦来不及上子弹，敌人冲上来了，长矛手就和敌人搏斗一番，枪手还要配备保镖，你看，多麻烦。后来干脆把长矛梆在枪上，枪手能够装药发射子弹时就开枪，如果来不及，就把枪当做长矛使用，这样可以把保镖取消了。后来发明了一种早期刺刀，大约有 30～60 厘米长，有一个木头把，木头把插在枪管里，这种刺刀等于枪管里面加上一个矛。这种做法有一个缺点，因为枪管里插上一把刺刀，枪就不能发射子弹了。另外，刀如果插得太紧，很难拔出来，如果插太松，经常会掉落，甚至和敌人搏斗时会留在敌人身上。所以，这种办法用了一段时间以后，就不再用了。1688 年法国有一位工程师研制了一种能够套在枪管外面的套筒式刺刀，这种刺刀比较方便，射击时不受影响，从此，刺刀取代了过去的长矛。

　　刺刀最早是在法国巴荣纳城制造的，所以，后来欧美许多国家干

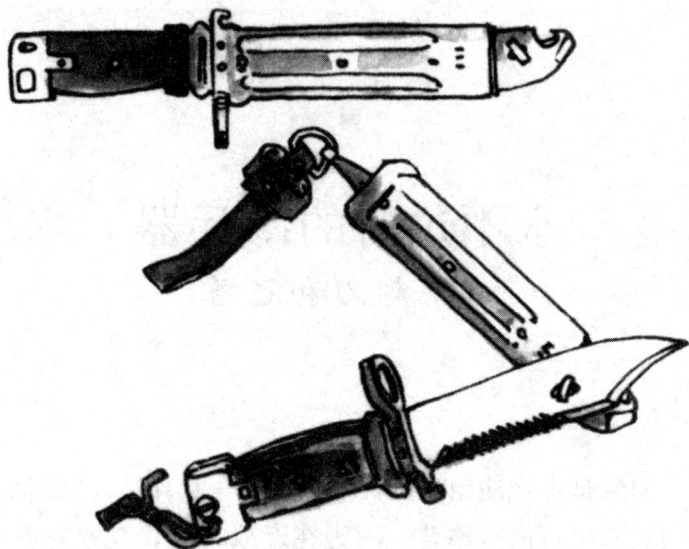

刺刀

脆把刺刀叫做"巴荣纳"。用这个城市的名称来称呼它，中国人把它翻译成刺刀。刺刀也是各式各样的，有的是锥形的，有的是棱形，有的是刀形等等。后来又发明了分离式刺刀，用时把它装上，不用的时候可以取下放在刀鞘里。还有折叠式的，用的时候把它翻上去，刀刃朝前，不用的时候把它翻下来，这样枪的长度就减小了，便于携带。

后来刺刀又向多用途方向发展。在作战时会遇到很多情况，多用刺刀就派上用场。比如，刺刀有一边是锯齿，可以当钢锯使用。还有一种分离式的刺刀，把刺刀和刀鞘组合起来可以当剪刀使用，剪铁丝网或电线。另外用刺刀还可以开罐头等等，用途很多，当然刺刀主要用于格斗和自卫。

到了20世纪中叶以后，步枪自动化程度提高，战场上各种火力的密度不断加强，白刃格斗的作战形式少了，因此刺刀在战斗中的作用和地位也在下降，但是刺刀作为面对面的格斗兵器还是一种很必要的装备。现代刺刀的刀身比较短，并且强调它的多用性。

　　和刺刀有关系的是军用匕首，实际上匕首也可以说是刺刀的一种，只不过它是以自卫为主要目的，匕首最早是装备给机枪手和炮兵的，因为机枪手和炮兵的兵器射击距离比较远，在近战时机枪和炮就使不上劲，因此，机枪手和炮兵就必须要配备一把匕首，在近战时可以自卫。第二次大战时期，侦察兵配备轻型枪支和其他一些器材以外，必须配备一把匕首，匕首也是一种多用途的工具。目前特种部队、海军陆战队和武警也要配备匕首。现代的匕首对钢的质量要求非常高，韧性也要好。最好的匕首把刀尖向下，在 1.5 米高度垂直落在水泥地面上，刀刃都不能卷。匕首可以轻而易举地切割 1 毫米厚的钢板，或直径 6 毫米的钢丝绳。另外，刀柄有绝缘性，与绝缘刀鞘结合可以剪断高压电线。更奇妙的是现代又出现了一种匕首枪，匕首的刀把里面可以装上子弹发射，既是匕首又是手枪。中国部队现在装备了一种"九一"式匕首枪，匕首把里面可以装 4 颗子弹。匕首枪也可以说是冷兵器和热兵器结合的产物，对于特种部队和侦察兵来说是一种很受欢迎的兵器。

　　军队有时还要配备一种野外求生刀，也叫救生刀。它比一般匕首

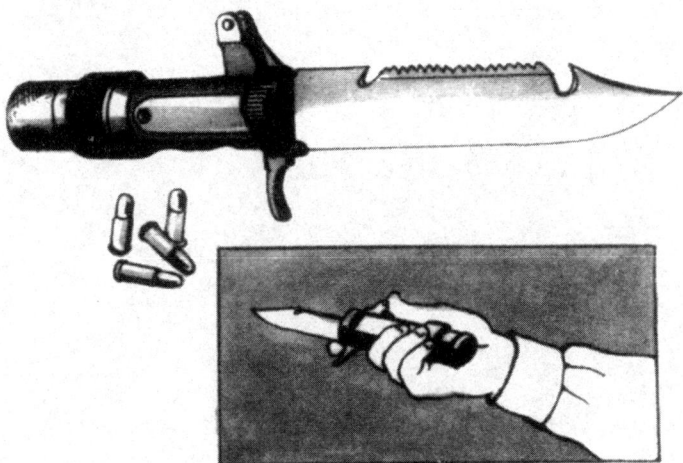

匕首枪

功能更多，当战士在野外遇到特殊情况，一切供应断绝时，要求利用大自然提供的条件坚持生活下去，并且完成作战任务。此时求生刀就是得力的工具。世界上很多国家都生产求生刀，西班牙生产的"森林之王"求生刀钢的质量很好，刀背可以当锯子使用，刀鞘除了装刀以外，还可以装救生用品，有发信号的反光镜、指北针、小手术刀、橡皮膏、铅笔、别针、缝补用具、打火石、磨石、开罐头刀、开瓶器、螺丝刀和止血带等，有近 30 种功能。美国生产多种型号的求生刀，供不同军种需要。瑞士生产军刀已有 110 年的历史，主要用于野战宿营及兵器的保养和维护修理。全能型瑞士军刀是具有 30 多种实用功能的"万能工具箱"，重量还不到 200 克。它包括以下工具：大刀、小刀、拔木塞钻、开罐头器、开瓶器、改锥、电线剥皮槽、钻孔锥、钥匙圈、镊子、牙签、剪刀、多用途钩、木锯、去鳞刀、卸钩器、比例尺、指甲锉、钢锉、钢锯、指甲除垢器、微型改锥、木凿子、钳子、钢丝剪、十字改锥、放大镜、圆珠笔、大头针、眼镜改锥。这种军刀不仅部队使用，旅行者、探险家、登山者、野外考察工作者也都需要它。

铁石榴

——手榴弹

　　手榴弹是用手投掷的弹药，是一种很古老而且很重要的步兵武器。步枪射击只能在目标上打一个洞，也就是说它形成的是一种点杀伤。而手榴弹投向目标爆炸后形成很多碎片，可以消灭一大片敌人，因此，手榴弹形成的是一种面杀伤。当然，面杀伤比点杀伤的威力要大得多。

　　早期手榴弹是圆球状，它的外形很像石榴，因此，给它取名叫手榴弹。手榴弹的发展有近千年的历史。手榴弹起源于中国宋代，在宋朝初期，利用火药制造各种武器，规模已经相当大了。当时的国都在河南的开封，古时叫汴梁，那里有很多生产武器的工厂，在汴梁以外全国各个州也都有制造兵器的工厂，当时叫作坊。在作坊里除去制造冷兵器以外，还大量生产火器。其中包括火球，火球的种类比较多，有一种叫引火球，就是把火药用纸包起来，点燃后扔出去，可以引起燃烧。还有一种蒺藜火球，把一些带刺头的铁刃和火药合在一起，用纸包起来，火球燃烧以后扔到敌人的阵地上，火药爆炸了，火球裂开，铁蒺藜散落在敌人将要通行的道路上，阻止敌人和战马的行动。另外，还有一种叫霹雳火球，就是把竹节打通，里面装上火药及一些瓷器的碎片封好，当敌人攻城时把霹雳火球点燃后扔到敌人阵地中，爆炸后不仅声音很大，而且里面的碎瓷片飞出去，对敌人有杀伤作用。

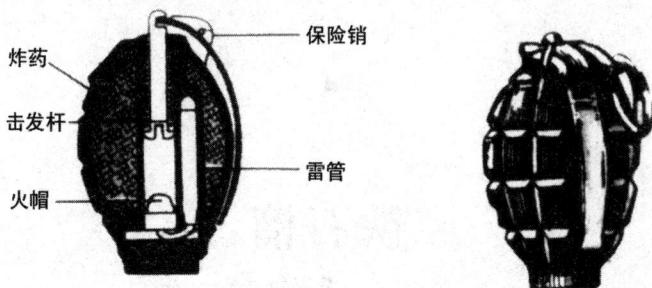

炸药
击发杆
火帽
保险销
雷管

密尔斯手榴弹

还有一种叫做烟球，是在火药里面加上一些发烟的物体，把烟球扔到敌人阵地后，冒出很多烟，遮挡了敌人的视线，使他看不清目标，就好像现代的烟幕弹一样。还有一种毒药烟球，把毒药和火药拌在一起，把毒药烟球扔到敌人阵地爆炸后，散发出毒气，敌人闻到毒气后，口鼻流血，丧失战斗力，严重的还可以使敌人中毒致死，就像现在的毒气弹。总之，当时的火球种类还是很多的，说明北宋时期中国使用火药已经相当广泛了。应该说，这些火球武器都是手榴弹的祖先。

根据西方文献记载，15世纪意大利人开始制作类似手榴弹的武器，当时制造比较简单，他们用一些陶罐或是玻璃罐子装上黑火药，再加上导火索。后来用金属瓶子装上火药和导火索，制成手榴弹。一直到17世纪，欧洲一些国家才在部队里装备手榴弹，并且还专门组织了投弹部队。投弹部队的士兵都是挑选出来的大力士，因为当时的手榴弹比较重，每颗将近2千克。因此，要想扔这样的手榴弹，力气小的人很难胜任。后来由于大炮的使用，手榴弹曾经有一段时间不太时兴了。

在第一次世界大战时，战争的形式都是采用在战壕里对抗，枪很难发挥作用，手榴弹就很有用，它可以消灭战壕里以及藏在障碍物后面的敌人。当时手榴弹有两种，一种是铁壳带木柄的，还有一种是没有木柄的，都有保险装置。使用时，把保险拴拉掉，扔出去，大约4秒钟以后手榴弹爆炸。

到第二次世界大战以后，手榴弹又发展了一步，性能更加优良，品种也更加齐全，这时，手榴弹的种类很多，共分四类：

第一类叫进攻手榴弹，这种手榴弹的特点是，主要靠爆炸后冲击波的力量杀伤敌人，产生很大的震慑力量。这种手榴弹的弹壳比较薄，一般用铁皮、塑料甚至用纸板制造。扔出后，士兵趁着烟尘冲向敌人阵地，由于杀伤力不大，所以扔后士兵继续前进，自己不会受到什么伤害，这是为了在战斗中进攻使用的。

第二类手榴弹叫防御手榴弹，主要靠破片杀伤敌人。手榴弹的外壳用铁制造，上面有很多条纹，爆炸后外壳破碎成很多小碎片，可以杀伤敌人。一般手榴弹杀伤的半径是5～15米，这种手榴弹扔出去后，投手要迅速卧倒，避免伤害自己。另外，也有的手榴弹里面加上一些钢球，爆炸后钢球飞出来也可以伤人。现代手榴弹能够产生300～4000个碎片，有的甚至达到6000片，爆炸后向四面八方飞散出去，杀伤力很强，而且杀伤范围也比较大。

第三类是攻防两用手榴弹，进攻时可以用，防御时候也可以用。手榴弹包括两部分，主体部分以炸药为主，和进攻手榴弹一样，不产生很多碎片。另一部分是一个破片套，把破片套套在手榴弹主体部分

攻防两用手榴弹

上，爆炸后就产生破片，这时就变成了防御用手榴弹。属于组合式的两用手榴弹。

第四类就是其他类型的手榴弹。这也是第二次世界大战以后发展起来的，其中最主要的是反坦克手榴弹。第二次世界大战以后，坦克在战争中大量使用，反坦克就成为很重要的战斗任务，于是，反坦克手榴弹在这个时期迅速发展起来了，反坦克手榴弹威力很大，能破坏坦克的装甲。坦克的不同部位装甲的厚度不完全一样，反坦克手榴弹的威力毕竟有一定的限度，因此，它只能破坏坦克装甲薄弱的部分，但是它的破坏能力仍比一般手榴弹强得多，它可以把200毫米左右厚度的装甲破坏，它还可以击穿500毫米厚的混凝土。

除去反坦克手榴弹以外，在第二次大战后又发明了特种手榴弹。比如，燃烧手榴弹、烟幕手榴弹、照明手榴弹、毒气手榴弹，还有特种部队用的特殊的手榴弹。烟幕手榴弹，打出去以后冒白烟，它可以起到遮蔽作用。发出彩色烟幕时，可以起到指示目标作用。照明手榴弹也就是照明弹，是夜间用的。俄罗斯反恐怖活动突击队员装备"曙光"手榴弹，这种手榴弹爆炸以后，既不燃烧，也没有弹片，只发出一种声音和闪光，实际上可以叫声光雷。突击队员把它投向恐怖分子以后，手榴弹发出震耳欲聋的声音，使敌人很害怕，同时还发出一种极强的光，人被闪光照射以后，眼睛就会暂时失明，大约在10分钟以后才能恢复视力。用声光手榴弹时，投手自己应该事先做好防护准备，戴上耳塞和墨镜。

经过近千年的发展，手榴弹已经发展成为品种齐全，性能完善的弹种。根据不完全统计，目前世界各国生产的和装备的手榴弹已经有300多种，特种手榴弹也有上百种。

枪、炮两不像

——榴弹枪

　　手榴弹靠人力来投掷，由于人的力量有限，手榴弹能够投到35～40米的距离就很不错了，如果连续投弹，体力消耗很大。因此，武器设计专家一直在想，怎样才能减轻投手体力的消耗问题。很自然地，有人想到步枪发射子弹有一定的动力，有没有可能利用步枪的力量扔手榴弹呢，这个想法在开始时，似乎很不现实，手榴弹这么大的东西怎么用枪来扔呢？后来终于想出一个好办法，把手榴弹加一个长把，插在枪管里，然后射击，子弹的力量就可以把手榴弹发射出去。或者把手榴弹加一个套管，套在枪管上，仍然是用步枪子弹把套管连同手榴弹一起抛射出去。总之，利用步枪发射子弹的力量扔手榴弹，这个想法后来真的实现了，发明了叫做枪榴弹，就是靠枪的力量投掷的弹药。

　　在第二次世界大战的前夕出现了专门的枪榴弹，枪榴弹装备部队以后大受欢迎，士兵们争先要求携带枪榴弹。因为，对于打坦克来说它是一种很有力的武器。枪榴弹发射距离可以达到50～100米。如果枪口略微抬高一些，就像迫击炮一样，枪榴弹走的是一个弧线，最大的射程可以达到700米。步兵打坦克，枪榴弹能起到很好的作用，用破甲枪榴弹可以破坏300毫米厚的装甲。

　　枪榴弹和手榴弹一样有很多品种，有的是为了杀伤有生力量，有

用步枪发射榴弹

的是为了打坦克，还有燃烧弹、烟幕弹、照明弹、信号弹等等。由于它的优点很突出，本身重量轻、威力大、携带方便、操作容易、用步枪就可以发射，使得步兵独立作战能力得到增强，特别适宜山地作战、丛林作战及城市作战。

早期的枪榴弹是利用步枪的枪管来发射的，这样做有一个缺点，步枪在发射榴弹时就不能射击枪弹了。后来就专门设计了一种榴弹发射器也叫榴弹枪，是一种专门发射榴弹的枪。但是用了一段时间以后，感到还有一些问题，因为携带榴弹枪等于又多了一件武器，增加了步兵的负担。后来又想了一个好办法，就是在步枪的枪管下再加上一个枪管，这个枪管是专门发射枪榴弹的，也就是一枪可以两用，既可以发射子弹，又可以发射枪榴弹，互不影响。从榴弹枪到后来步枪加上榴弹发射器，这种武器的出现确实使步兵的战斗力得到了很大的加强。

榴弹枪有人管它叫两不像，它既不像枪也不像炮，有人说它是枪炮相结合的产物。也有的人把榴弹枪叫做步兵班的火炮，因为步兵使用的武器是枪支，炮兵使用的武器是火炮，榴弹发射器就像一个小的

自动榴弹发射器

火炮，但是它是步兵使用的。这种武器的发明和坦克、装甲车在作战中的使用有关系，因为坦克和装甲车出现以后，步枪的作用显得降低了，敌人都藏在装甲车里面，坦克又有很厚的装甲做保护，用步枪消灭敌人的机会就不多了，必须打坦克。榴弹枪或是枪榴弹，对反坦克十分有效，因此得到比较快的发展。榴弹枪后来又发展成榴弹机枪，可以连发，这对消灭敌人的有生力量，威力就更大了。它既可以直接瞄准射击，也可以像迫击炮一样进行曲线射击。弯曲弹道射击，可以消灭在障碍物后面隐藏的敌人。榴弹枪不仅仅供步兵使用，把榴弹枪装在装甲车上，或者是装在舰艇上，甚至还可以装在直升机上，它的使用范围更加扩大了。在装甲车上，榴弹枪还可以对空射击，使得步兵攻击直升飞机的作战能力也得到了加强。因此，榴弹发射器使用的范围越来越大，在步兵作战的武器里，它是发展比较快的一种武器。

前后冒火的武器
——无坐力炮和火箭筒

　　无坐力炮和火箭筒是两种不同的武器，但是它们之间又有许多共同点。首先，这两种武器都是便携式反坦克武器，也就是说，这两种武器都是打坦克用的，而且便于携带，便于使用。便携的意思是指它的重量不很重，一般在7000克上下，一个人可以背得动，用肩膀扛着发射。当然它们还有许多其他相似之处，不同点是发射的炮弹完全不一样，发射炮弹的方式也不一样。无坐力炮发射弹药的原理和一般的枪、炮原理是相同的，火药燃烧以后产生气体，靠气体很强的压力把弹药发射出去。火箭筒就不一样了，火箭筒发射火箭弹，火箭弹本身带着一个发动机。也就是说，火箭弹是靠自己携带的发动机来推动飞向目标。这是两种武器之间的最大的不同点。

　　这两种武器都是在作战中大量使用坦克和装甲车以后发展起来的，是一种专门用于反坦克的武器。当枪和炮发射时，枪弹或炮弹从枪管、炮管发射出去，同时产生一个向后推动的力量。拿枪来说，向后的推动力使枪托作用在士兵的肩膀上，后坐力对射击的准确性很有影响，因为它使得枪管或是炮管不稳定。无坐力炮没有后坐力，因为无后坐力炮的枪管是两头空的，当火药燃烧后产生的压力一部分把炮弹从枪口发射出去，另外一部分火药燃烧的气体向后喷发，向前的力量和向后的力量取得平衡。同样，火箭筒也是这样的结构，前端火箭

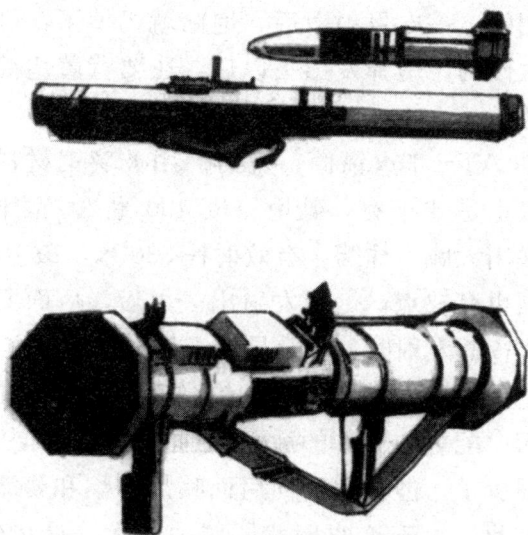

反坦克火箭筒

弹发射出去以后，后面火焰喷射的气体抵消了后坐力。

这两种武器还有一些相似之处，他们的有效射程大约都是300～700米之间。打坦克时的威力都很大，打破装甲的深度能够达到400～900毫米。这两种武器还有一个共同点，它们都是美国人发明的。拿火箭筒来说，1942年美国人发明了这种武器，用来对付德国坦克，当时士兵把火箭筒叫做"巴祖卡"。巴祖卡是美国的一个戏剧演员表演时用的一种像喇叭一样的乐器，火箭筒和它很相似，后来在欧美的一些国家把火箭筒习惯地称作"巴祖卡"。

无坐力炮也是美国人发明的。发明的时间是1914年，后来其他国家仿照他们的发明，也制作出了许多不同型号的无后坐力炮，用来打坦克。这两种武器不但有很多相似之处，而且关系非常密切。为什么说它们的关系非常密切呢？为了使无后坐力炮的炮弹发射得更远，威力更大，使用了一种增程火箭弹，简单地说就是用无后坐力炮发射火箭弹，把两者的优点结合起来。目前各国都在发展发射增程火箭弹的无坐力炮。这两种武器都有两种类型，一种是一次性使用的，还有一种是多次性使用的。一次发射以后，炮筒就扔掉了，可以减轻步兵携带的重量。多次性的，炮弹发出去以后，还要背着炮筒下次使用，两种类型各有利弊。

瑞典制造的 AT－4 火箭筒，发射筒用玻璃钢材料，重量仅 3 千克，火箭弹重量也是 3 千克，破甲厚度 400 毫米。法国"阿比拉斯"火箭筒，火箭弹用大威力炸药，有效射程 330 米，破甲厚度 720 毫米。

这两种武器也有缺点，炮弹发射出去以后，后面要喷射出大量的火焰和气体。在夜间发射时，很容易暴露目标。怎么样解决这个问题？后来在无后坐力炮的后面加上一个和炮弹大小、重量相同的配重，炮弹发射出去以后，配重从枪管的后面发射出去，这样从后面喷出来的火焰和气体就很少了。但是火箭筒后面喷出火焰和暴露目标问题不太好解决。尽管如此，由于这两种武器威力很大、重量轻、结构简单、使用方便，所以，作为步兵反坦克武器还是很有发展潜力的。现在这两种武器都有轻型的、重型的两类，使用的范围也越来越大。轻型的可以由一个士兵携带，重型的可以装在车上，或者装上一个三角架，像重机枪一样发射。值得一提的是打靶或作战发射时，任何人不要到火箭筒和无坐力炮后面去，以免遭误伤。

无坐力炮

活动碉堡
——步兵战车

　　步兵是一种徒步作战的兵种。中国工农红军进行两万五千里长征，就是靠边走、边打完成的历史创举。抗日战争时期，军民运用游击战打击日寇，游击战有一条原则叫"打得赢就打，打不赢就走。"解放战争中人民军队巧妙地运用运动战，最终取得解放全中国的胜利，人民解放军的步兵练就一双铁脚板，能打能走，闻名世界。

　　军事上讲究"兵贵神速"，其实自古以来军队行军作战并不完全依靠一双脚，古代就有战车参战的记载，3000多年前夏代已有战车和车战。在河南安阳考古发现商代战车，当时木制的双轮战车由两匹马驾引，车上有 3 名士兵，一人驾车，一名弓箭手，一名长矛手。当然，作战时还有徒步的士兵配合。春秋时期战车大发展，一些大的诸侯国，如晋国和楚国，拥有战车数量多达 4000 乘以上。由于战车笨重，行动受地形限制，后来逐渐被骑兵所取代。大约到汉武帝年间，汉王朝的军队为了与匈奴进行持续的战争，发展了大量的骑兵部队，此后战车便从战场上逐渐消失。

　　在历史战争中还有不少大型战车参战的战例，世界最大的战车是明朝的临冲吕公车。长 100 多米，需要数千人才能推动前进，上面建有高高的层楼，数百名弓弩手，居高临下，用于攻城。这样的庞然大物仅仅是吓唬敌人而已，实用价值并不大。外国使用战车作战的历史也很早，大约在 4000 多年前古西亚人、古埃及、古希腊、古罗马都曾大量使用战车，后来同样被骑兵所取代。

现代社会科技发展，交通运输四通八达，交通工具有很大进步。世界各国军队的步兵开始摩托化，步兵乘军用卡车快速机动。但由于卡车没有装甲保护，战时运输，人员很不安全。第一次世界大战末，英国利用坦克和卡车底盘，研制了履带式和轮式装甲输送车，开始装备步兵并组成装甲步兵师。装甲输送车有驾驶员 2～3 人，搭乘一个步兵班，10 人左右，后来各国纷纷仿制。装甲输送车由装甲车体、武器、推进系统、观察瞄准仪器、电气设备、通信设备和三防装置等组成。动力和传动装置通常位于车体前部，后部为密封式乘载室。有的乘载室装有空调设备，采取降低噪音和减振措施，使乘员乘坐舒适，减轻疲劳。车尾有较宽的车门，多为跳板式，便于乘员迅速隐蔽地上下车。车体装甲通常由高强度合金钢制成，有的采用铝合金，可抵御普通枪弹和炮弹破片。车上通常装有机枪，有的装有小口径机关炮，利用装甲输送车底盘，可改装成装甲指挥车、装甲侦察车、装甲通信车、自行火炮、火炮牵引车、反坦克导弹或防空导弹发射车、修理工程车和装甲救护车等多种变型车。第二次世界大战初期，许多国家也相继装备部队，装甲输送车的出现和使用，显著地提高了步兵的机动能力。到了二战以后，装甲输送车得到迅速发展，许多国家把装备这

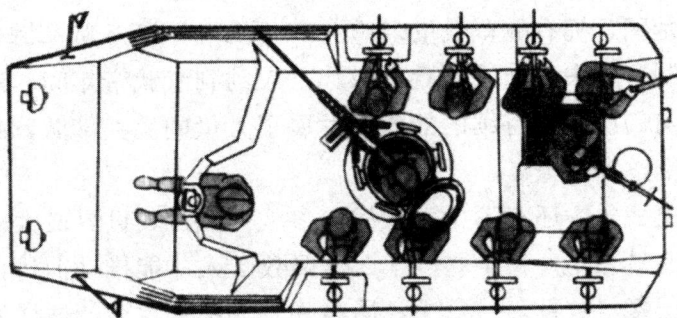

步兵战车兵员配置

种车的数量作为衡量陆军机械化程度的主要标志之一。我国于20世纪50年代后期开始研制装甲输送车，60年代初装备部队。装甲输送车造价较低，变型能力强，但火力较弱，防护性能较差，乘载室的布置不便于步兵在车里射击。因此，这种车主要用于战场上输送步兵，也可以输送物资器材，一般不能直接参战。

20世纪50年代，由于这一时期坦克大量使用，为使步兵能乘车协同坦克作战，增强对付敌方步兵反坦克武器的能力，提高部队的进攻速度，有的国家开始研制步兵战车。1954年法国研制了最早的步兵战车，战车两侧及后门上开有射击孔，步兵可乘车射击，车上装有机枪，后来改为机关炮。此后各国纷纷制造步兵战车装备部队，使陆军的机械化和装甲化程度达到了新水平。步兵战车属于轻型装甲车辆，装甲厚度为14～30毫米。车上的武器通常有高射、平射两用机关炮、1～2挺机枪和反坦克导弹发射器等。有的车内还装有灭火装置、取暖和通风排烟设备。步兵战车包括人员的全重为12～28吨，乘员2～3人，载员6～9人，其火力通常能毁伤轻型装甲目标、火力点、有生力量和低空目标，并具有与敌坦克作战的能力，履带式步兵战车的机动性高于或相当于协同作战的坦克。还有一个特点，步兵战车一般都能水陆两用。

装甲战斗车辆

步兵战车虽然发展很快，但毕竟没有经过大规模实战考验，它的总体结构方案仍在探索和改进之中。从目前的情况看，有两种发展方向：一是发展坦克与步兵战车结合为一体的两用战斗车辆；二是发展小型步兵战车，使搭载步兵人数减为3～4人，即1个战斗小组，以缩小车辆尺寸，提高机动灵活性和生存能力。

坚硬的外衣

——坦克的装甲

兵器要穿外衣，奇怪吗？不管哪一个国家生产的枪，机枪、步枪、冲锋枪、手枪等一律都穿黑颜色的外衣。其实枪的零件是用钢铁制作的，钢铁本来的颜色是灰白色，为了使武器不生锈及不被腐蚀，在生产枪支时，特意用一种化学的处理方法给枪械穿上了黑外衣，名字叫法兰层。法兰层可以挡住空气中的水分和酸性物质，对武器零件起到保护作用。战士在擦枪时不能过分使劲，避免把法兰层磨掉，更不能用硬东西刮，如果把法兰层刮掉，枪支就容易损坏。不仅仅枪械要穿外衣，各种兵器都穿着一件外衣，作用是保护自己的身体，和人穿衣服有相似之处。不同的兵器穿着各自不同的外衣，有的外衣是迷彩服式的，也有的穿着军绿色、还有土黄色、白色外衣，一方面是为了保护装备和兵器本身，一方面也是避免被敌人发现，起到伪装作用。比较起来，所有兵器中，外衣变换最多的要算坦克，就好像"时装模特"，经常变换服装花样和材料，当然，坦克的外衣是钢铁制作的装甲，而且坦克经常换外衣也不是为了美观，而是为了保护自己。由于反坦克武器不断发展，使得坦克不得不经常换外衣，不然坦克本身也就难以保存。

现代坦克的装甲也就是坦克的外衣分两大类：第一类，普通装甲也叫均质装甲，是用同一种材料制造；第二类，特种装甲也叫非均质

早期坦克

装甲，是用不同材料组合制造。还真有点像战士穿的军装，有用布料制的单衣，也有用布和棉制的棉衣。

普通装甲是指用同一种材料，如钢铁或铝合金制作的。装甲主要是为了防御各种兵器的攻击，保护坦克本身和里面的乘员。在坦克发展初期，装甲并不很厚，当时，对付一般的枪弹或炮弹弹片，装甲有5～10毫米厚也就足够了。坦克一出现，枪弹打不透，炮弹也打不破，在战场上横冲直撞，所向无敌，大显神威，在战争中起了很大作用。后来发明了一种穿甲弹，5～10毫米厚的钢板可以被击穿，所以坦克就需要换换外衣了，把装甲的厚度增加到15～20毫米，重要部位装甲增加到30毫米。

穿甲弹和普通的炮弹不一样，穿甲弹的中间有一个弹芯，弹芯不是用钢铁而是用碳化钨做的，它的硬度特别大。穿甲弹打中坦克以后，弹体破裂，中间的弹芯可以穿透坦克很厚的装甲，自从穿甲弹研制成功以后，装甲的厚度不得不一再增加。二战期间，经过多次改进，穿甲弹已经可以穿透100毫米厚的装甲，在这种情况下，坦克重要部位装甲的厚度就得大于100毫米，否则就会被打穿。

反坦克武器也在不断的发展，后来又研制出了一种破甲弹，里面装了一种特殊的炸药，叫做聚能炸药。这种炸药爆炸以后，可以形成一种温度很高的金属射流，射流可以把很厚的装甲烧穿，这种破甲弹出现以后，装甲的厚度又要增加了，否则，还是难以对付反坦克武器的进攻。随后又发明了一种碎甲弹，这也是专门对付坦克的，这种炮弹击中坦克以后，不是穿透而是把坦克装甲的另外一面震碎，蹦出很多碎片，也可以杀伤坦克里面的人员或破坏设备。反坦克武器的发展促使坦克的外衣一换再换，一直到后来，坦克的装甲已经达到了150毫米厚，在炮塔等最容易受到攻击的部位装甲的厚度甚至达到200～600毫米。装甲厚度的不断增加使坦克体重越来越大，这样坦克行动起来就很不方便，笨重的坦克成为挨打的对象。所以，单纯靠改换外衣，即增加装甲厚度总不是一个好办法。后来设计师们又动脑筋，想用其他办法来对付反坦克武器的进攻。其中最有效的办法是改进坦克车身设计方案。经试验，炮弹从垂直的方向攻击装甲，很容易击穿，如果把同一装甲按一定的角度倾斜安装，可能发生跳弹，而且装甲厚度相对增加了，反坦克炮弹的破坏力就减弱了。根据专家的计算，如果把装甲按30度的倾斜角来设计坦克车身的话，那么它的防弹能力比垂直安装装甲大约提高了2倍，这样，就不必一味靠增加装甲厚度来对付反坦克武器了。这项发明最早用在苏联的T－34坦克上面，后来各国都学习了这种办法。

　　特种装甲采用钢铁和其他多种材料制造。有一种复合装甲，它有点像夹心饼干一样，最少在3层以上。外层一般用钢或铝合金或是钛合金，中间加上一些塑料、陶瓷、玻璃纤维等等一层一层重叠起来。复合装甲防破甲弹和碎甲弹的能力要比普通装甲强，而且，它的重量也比较轻。还有的复合装甲是在中间留有空气层，或者是填充了一些油料。总之，这种装甲对付反坦克武器能起很好的作用。

　　在坦克的外衣里最奇特的一种叫做反应式装甲也叫反作用装甲。这种装甲和前面说的都不一样，实际上是在装甲的外面挂上一层炸药包，所以也叫火药装甲或爆炸装甲。1982年以色列人首先研究出来这种装甲，他们把钢制的小盒里装满钝感炸药，用螺丝固定在车身和炮塔外面，当轻武器子弹或小口径炮弹打来以后，对坦克装甲没有什么威胁，炸药盒不爆炸。但是，当反坦克炮弹、导弹或火箭弹击中时，

反应式装甲

炸药立即爆炸，来个"以毒攻毒"，改变了破甲弹金属射流的方向或穿甲弹芯的方向，抵消了炮弹的部分爆炸力，大大削弱反坦克弹的破甲或穿甲能力，由于小铁盒里的装药量有限，爆炸后不会伤害自己的装甲。后来美国和苏联都采用了外挂式反应装甲。

反应式装甲的出现，改变了坦克装甲完全被动挨打的状态，有了一定的反击能力，因而提高了坦克的防护力。但它只能算是一种"半主动装甲"。现在有一些国家研制的坦克主动防护系统，等于在坦克周围设置了一道防线，防护效果自然更胜一筹。俄罗斯已研制出四种坦克主动防护系统。有一种系统由雷达、炸药和计算机组成。当雷达探测到反坦克导弹射来时，计算机指令炸药爆炸，把来袭导弹击毁或使它偏离目标。美国正在研制一种灵巧装甲系统，由外挂反应式装甲、探测器网和电子计算机组成。探测器网布置在坦克外侧表面 30 厘米处，与车内计算机相连。探测器可以判断来袭的弹种，然后指令反应式装甲爆炸，把来袭弹摧毁。

另外，为了保护坦克两侧的履带，在履带外侧装上用钢板做的裙板，炮弹打来以后，它可以抵挡一阵，使得炮弹不会直接击中履带。

总之，特种装甲五花八门，种类繁多，发展也很快，它使坦克装甲由被动变主动，只要反坦克武器一发展，坦克就要换外衣，坦克成了最爱更换外衣的兵器。

"喀秋莎"
——火箭炮

　　火炮在战争中起到很大的作用，各国的军队都在大力发展火炮。为了增强火炮的威力，唯一的办法就是加大火炮的口径和加长炮身的身管。世界上最大的火炮是第一次世界大战时期德国制造的，因轰击巴黎而被人们称为"巴黎大炮"。口径 210 毫米，炮身长 34 米，大炮竖起来比 10 层楼房还高，全重 750 吨。大炮射击的距离远达 120 千米。可惜的是，由于炮弹大、装药多，发射时对炮膛磨损很厉害，打了 20 几发，射击精度大大下降。打不到 100 发炮弹，炮管就报废了，大炮的寿命还不到普通火炮寿命的 1%。从此以后，再没有人想造特大的火炮了。另一方面，炮越大，自身的重量就越重，运输很不方便，作战时也是挨打的对象。在这种情况下，设计师们转向设计一种非常灵活而且在很短的时间内能够发射更多炮弹的新式火炮，那就是火箭炮。

　　关于火箭炮的发明，应该从发明火箭弹说起，早在 19 世纪初许多国家都制造了火箭弹，当时是用迫击炮、高射炮发射的。火箭弹和炮弹有很大的不同，炮弹是靠炮膛内火药燃气压力把弹丸推出去。火箭弹本身有一个火箭发动机，火箭弹可以自己飞行。苏联很早就开始研究火箭弹，在第二次世界大战时，苏联就秘密研制出 M－8 型多管火箭炮。1941 年的一天，苏联军队和德国军队展开了一场激战，当时苏军用了一个火箭炮兵连发射火箭弹，摧毁了敌人的一个军用列车铁路枢纽站，这种火炮发射时发出一种很怪的声音，并且炮弹铺天盖地打到阵地上以后，浓烟滚滚，一片火光。当时的德国兵没有见过威力这么大的新武器，感到很害怕，四处逃窜，狼狈不堪，后来他们一听到这种炮弹的声音就心惊胆战，从此火箭炮威名远扬。这种火箭炮是在一家名叫"共产国际"的兵工厂研制出来的。"共产国际"这个词在俄文里的第一个字母是"K"，为了保密，工人们把"K"字打在炮身上，作为工厂的代号。火箭炮在战争中给敌人以很大打击，由于它的火力猛、威力很大、外型独特，在战斗中声威大振，很受战士们的喜爱。但当时官兵不知道这种新武器的名称，见到炮上刻着"K"字，就联想到俄罗斯民间传说中的一位美丽姑娘——喀秋莎。从此这种火箭炮就以"喀秋莎"的名字，传遍苏联和世界，它的真名字M－8型火箭炮却渐渐被人淡忘了。

"喀秋莎"是一种多轨道的自行火箭炮，有八条发射轨道，每个轨道的上面下面各有一个导向槽，每个槽里面挂一个火箭弹，可以同时挂16枚火箭弹。发射时可以单射，也可以齐射，发射的距离大约8千

"喀秋莎"

米。重新装填一次火箭弹只要5～10分钟，所以它能在很短的时间内发射密集火力，这对袭击和压制敌人有生力量和坦克目标特别是比较密集的目标十分有利。火箭炮发射时火光较大，容易暴露目标，所以把火箭炮装在汽车上，使其具有良好的机动性，能快打快撤。敌人还没有弄清楚炮弹是从什么地方打来时，火箭炮已经转移，躲开了敌人炮火的报复。

苏联在第二次世界大战中，已经制造了数千门火箭炮，使德军遭受很大的损失。德军很害怕，他们一直想偷到苏联关于火箭炮的设计图纸。于是派了间谍，买通了研究火箭炮的研究所看门人，给他们偷出了火箭炮的图纸，拍成微型胶卷，准备送到德国去，但正巧在半路上被小偷偷了，此次偷窃秘密图纸行动没有得逞。但是德国人仍不死心，他们又派了一批老牌间谍，企图绑架火箭炮的设计师。经过周密计划，间谍装扮成慰问团成员去慰问火箭部队，想趁这个机会把设计师绑架走，但是这件事情被苏联的反间谍组织弄清楚了，用一名替身骗过德国的间谍，最后把他们一网打尽，德国人的阴谋再次落空。原来围绕火箭炮还有一场尖锐的幕后斗争。

中国古代就发明了火箭，早在宋朝时中国就有了军用火箭，当时把它作为守城的武器。到明朝时，中国的火箭已经发展到几十种，有的是单发的，也有连续发射的和齐射的，不过那时候的火箭大都比较简单。后来火箭和火药的技术传到了欧洲，英国在1807年时也曾经用发射架发射火箭，1830年时，法国也是应用三脚架来发射火箭弹，总之，他们已经研制了一些能够发射火箭弹的发射装置，但都比较简单。

第二次世界大战中苏联的"喀秋莎"出名了以后，大家对火箭炮的作用有了新的认识，各国纷纷效仿研制这样的火箭炮，因此火箭炮的发展越来越快。苏联在"喀秋莎"的基础上又进行了改进，制造了BM—21式40管122毫米自行火箭炮，最大射程20多千米。可以发射近程弹、远程弹，也可以发射燃烧子母弹和毒气弹。美国在20世纪80年代初制造了一种M270式12管的自行火箭炮，由履带式装甲车运载。这种火箭炮威力很大，操作也很简单，最大射程 40 千米。这个火箭炮配有子母弹，每枚火箭弹里面有 644 个小弹丸，因此，它发射出去以后杀伤力特别强。12 管火箭炮，一次齐射，它可以抛出近 8000 颗子弹，覆盖面积相当于 6 个足球场那么大，一个火箭炮的威力相当于 28 门普通火炮的火力。这种火箭炮除去发射火箭弹以外，还可以发射布雷弹。在发射布雷弹时，一次齐射可以把 336 枚反坦克地雷都发射出去，形成一个 1000 米长的反坦克雷区，阻止敌人的坦克前进。很多国家引进这种火箭炮，装备自己的部队。为适应攻击远距离集群装甲目标的需要，目前有 6 个国家参加合作，研究一种制导式反坦克子母弹，每枚火箭弹内含有 3 个反坦克子弹，弹上装有雷达寻的器，可自动进行目标搜索和跟踪。最大射程预计可达 45 千米。巴西研制的火箭炮，最大射程可达 60 千米，装备了不少第三世界国家的炮兵部队。意大利研制的 48 管火箭炮，是世界上炮管数最多的火箭炮。我国也研制了性能较好的 1981 年式 122 毫米火箭炮。总之，现在为了配合坦克装甲作战，火箭炮成为对付面积目标的一种有效武器。

多管火箭炮

流动的火药

——液体发射药

　　火药是中国古代的四大发明之一。中国古代的一些炼丹家，最先将硝石、硫黄和木炭组合在一起，这种混合物就是世界上最早的火药，因为它的颜色是黑色的，所以叫做黑火药。后来火药传到西方，经过很多年发展，又研究出很多种类的火药，有硝化棉火药、有诺贝尔发明的硝化甘油火药等。火药主要用于军事上发射枪弹和炮弹，用在发射火箭时叫推进剂。火药大部分都是固体，形状各异，有颗粒状、片状、管状、带状、环状。根据武器的不同要求，火药药粒的尺寸大小不一，小的药粒直径可小于 1 毫米，大型推进剂的直径可达几米。说到液体火药可能使人感到很陌生，其实这并不是一个新问题。现代火箭刚发明时，使用的就是液体推进剂。美国火箭技术科学家戈达德首次发射火箭，以液氧加煤油作推进剂。德国的 Ｖ－２ 导弹，以液氧加酒精作推进剂。火药燃烧生成大量高温燃气，推动弹丸或火箭前进。

　　传统发射原理的火炮，是以固体发射药作为能源的。发展到现在为止，无论是它的射程、威力、准确性都已经达到了很完善的地步，要想再进一步提高，遇到了很大困难。必须探索新的发射方式，液体发射药火炮就是其中的一个重要技术途径。

　　早在第二次世界大战结束以后，1946 年美国人开始研究液体发射药火炮。首先他们研制了液体发射药，那是一种无毒、在高压下不会

液体发射药大炮

自燃的高能化合物。几十年来美国进行了一系列各种口径的液体发射药火炮试验，取得了成功的经验。苏联、英、法、德、日等国都在进行这方面的研究，并且研制出来了液体发射药发射火炮的装置和样炮。液体发射药对提高火炮发射的性能起到很大的作用，它的潜力很大，用液体发射药发射与固体发射药发射相比较，从实验结果来看，有以下特点：

（1）减轻了炮弹的重量。

炮弹由弹丸和发射装药两部分组成。弹丸用以杀伤有生力量和摧毁目标；发射装药由发射药、药筒、底火组成。发射药是发射弹丸的能源，药筒用来连接弹丸、底火和盛装发射药，保护火药不受潮湿和损坏。液体发射药火炮使用的炮弹和普通炮弹不一样，只有弹丸，没有药筒。因为它的发射药是直接注入到炮身里的，这样一来，不但使整个炮弹的重量减轻了，而且结构也简化了。由于炮弹的改革，使得装炮弹比较方便，减轻了繁重的体力劳动。同时，武器如坦克、自行火炮的携弹量也可增加。比如，155毫米自行榴弹炮携弹量超过126发，普通榴弹炮只有30～40发。药筒对弹药的发展起了积极作用，但仍然是武器系统的消极质量，没有它不行，有了它又累赘。武器设计师一直想方设法减轻或利用药筒这部分质量。后来发明了一种可以燃烧的可燃药筒，炮弹发射出去，药筒全部或大部燃烧，燃烧的气体还可以给炮弹增加些力量。这种设计特别适用于坦克和自行火炮，可消除射击后药筒堆积在车内，影响乘员操作的麻烦。液体发射药火炮的炮弹则干脆取消了炮筒，这正是武器设计家梦寐以求的事情。

（2）简化了火炮的结构。

固体发射药火炮尾部有一个炮闩，炮闩好比火炮的后门。装上炮弹后，关后门并锁住，击发射击，然后打开后门把弹筒退出来，再装第二发炮弹。液体发射药火炮发射的原理和固体发射药火炮相比没有本质性的变化，仍然是利用发射药的化学能，通过点火、燃烧、产生高温、高压气体，在密闭的药室里膨胀，把弹丸从炮管里发射出去。基本原理是相同的，不同的是发射药的形态由原来是固体变成液体，这个变化给火炮带来了结构上的变化。火炮只保留药室，取消了炮尾、炮闩及其闭锁保险机构。把液体发射药直接注入或喷射进入药室便可点火发射，火炮的结构比原来简化了许多，重量也减轻了。更主要的是，由于液体发射药能量高，而且取消了闭锁、退药筒等动作，火炮射速大有提高。比如，航空机关炮的射速可达每分钟6000发，比常规的机关炮提高4倍。液体发射药火炮燃烧温度低，可延长身管的使用寿命。液体发射药火炮系统不仅仅使火炮的一些性能得到改善，而且使得火炮技术的发展产生了根本性的变革，整个武器系统作战性能得到了进一步提高，适应了未来高技术战场环境的需要，增强射击的灵活性。

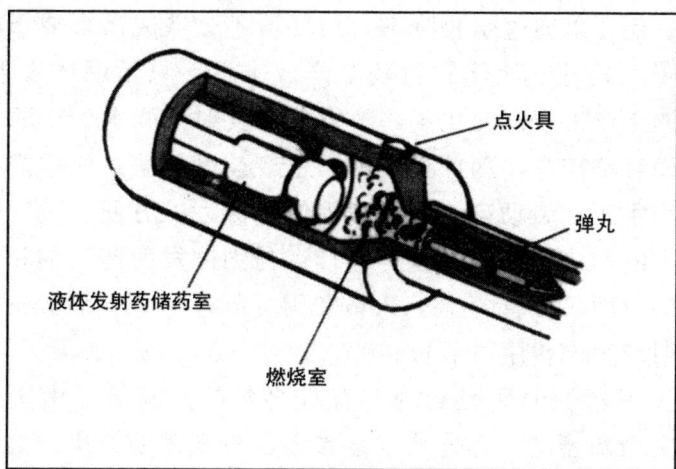

点火具

弹丸

液体发射药储药室

燃烧室

原理图

固体发射药火炮要想改变射击距离，一个办法是改变药筒的装药量，另一个办法是抬高或降低炮管，靠改变射角来调整射程。液体发射药火炮则很简单，只要改变液体发射药喷入药室的数量就能调整射程。简化了操作手续，当然也就提高了发射速度。另外，由于炮弹的减小，更容易实现弹药的自动装填，射击速度进一步提高。随之而来的好处是减少了炮手的数量，比如，美国有一种自行榴弹炮改装前携带 34 发炮弹和同样数量的发射药筒，发射时需要一名装填手搬运弹药。改装后的炮车只在车上装一个 55 加仑的液体发射药桶，不再需要装填手搬运弹药。节省人力、物力一直是武器设计追求的目标。

（3）弹药生产容易，贮存方便。

固体发射药炮弹，体积比较大，占的地方多，而且不安全。液体发射药本身是液体，随意性比较大，容易存放。可以充分利用武器空间，合理布局，它可以存放在坦克、飞机、舰艇上离炮较远的安全地方。火炮一旦被炮火击中时，不至于把炮弹引燃，引起连锁爆炸，使得整个武器的安全性大大提高了。液体发射药毒性小、蒸汽压小、密度大、易损性低，对冲击、振动不敏感。在大气压力下不易点燃，安全性好。它还可以通过生物降解，对环境不会造成污染或影响，从而简化了废药的处理。液体发射药生产成本低，只是固体发射药的1/10。炮弹的生产工序也简化了，不像固体发射药要求一定的几何形状和尺寸，而且不需要往药筒里装药，生产速度加快，成本降低。所有这一切都为生产、后勤运输和供应提供了极大的方便。关于采用液体发射药带来的经济效益国外曾有统计：与固体发射药火炮相比，在弹药系统费用方面可节省75％，人员费用可节省50％，后勤支援可节省60％，发射药生产费用可节省90％。

液体发射药炮的研究到现在有70多年的时间了。由于液体发射药火炮是一个新型的武器，有很多技术的难点需要解决，经过了艰难反复的研究过程，到目前为止，很多关键性的问题基本上得到了解决。以美国为例，在1992年时他们就研究出来了一种155毫米液体发射药自行榴弹炮样炮，这种炮操作起来比较简单，射程可以达到38千米，与普通自行榴弹炮比较射程增大了25％，射击速度增加300％，而且操作手减少了20％，预计这种火炮在21世纪初可以装备部队使用。除此之外，美国、英国还在研究用于坦克上的液体发射药炮。

快如流星

——电磁炮

　　从古至今，远射兵器，都是设法把石块、箭头、炸药包或弹丸抛射出去，使敌方的人员或兵器受到损伤。发射物体都需要有能源，在军事上大体上分为三种能源类型：第一种是机械能；第二种是化学能；第三种是电能。

　　历史上每一次能源革命都促使兵器发射技术产生质的飞跃。古代主要利用机械能来抛射物体，使物体获得一定的速度，比如，用抛石机把石头抛射到敌人阵地。机械能的力量是有限的，最多能够产生每秒几十米的速度，不可能太高。发明火药以后，经过几百年的研究和不断改进，利用化学能可以把几千克重的弹丸加速到每秒钟 1800 米左右的速度。也就是说可以把炮弹的弹丸以这么高的速度抛射出去，这已经接近化学能发射弹丸速度的极限。随着科学技术进一步的不断发展，利用化学能发射弹丸，远远不能适应现代战争的需要。现在武器的防护能力增强，用普通弹药攻击装甲目标、水泥工事都受到了限制。特别是导弹发明以后，导弹飞行的速度很快，使用常规的火炮拦截导弹很困难，几乎是不可能的。

　　为了对付高速运动目标，人们在研究速度达 5 倍音速以上的超高速动能武器。所谓动能武器，就是能发射出超高速运动的具有极大动能的弹头，通过直接碰撞而不是通常的爆炸方式摧毁目标的武器装

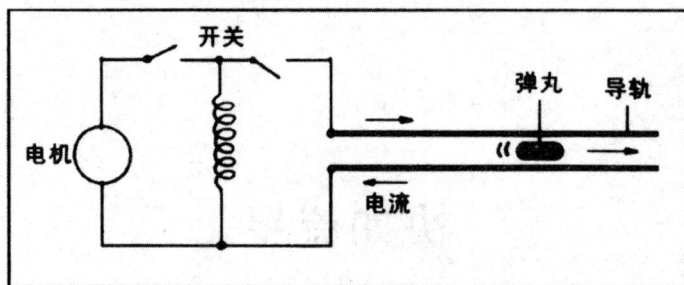
电磁炮原理

置。使弹头得到超高速，除去火箭以外只有利用电能了。于是，电磁发射技术应运而生。目前各国都在研究利用电能发射弹丸的新兵器。所谓电磁发射技术，就是利用电能通过某种方式的转换把它变成电磁能或热，以电磁力或热压力把弹丸从炮膛里加速发射出去，使得弹丸获得超高速。根据实验已经证明，当弹丸的质量是 3 克时，发射的速度可以达到每秒钟 10 千米。有的人会问，这种弹丸才 3 克，这么小，能消灭目标吗？这要从物理的动力学原理说起，物体运动时，动能与速度的平方成正比，物体运动速度越快，动能越大。对于现代导弹来说，导弹本身速度很快，拦截的弹头只要有一定的速度，当与之碰撞时达到极高的相对速度，足以把进攻的导弹摧毁。当然，有时也需要发射一种几千克重的弹丸，用来对付地面的装甲车、坦克或水泥工事。所以利用电磁力的发射，现在研究两种不同重量级别的弹丸，发射重的弹丸对付地面的目标，发射一些小的弹丸主要是对付导弹，甚至于可以攻击卫星。

利用电磁力量发射弹丸有几种类型，其中原理与结构最简单的一种叫做电磁轨道炮。这种炮构造很简单，由两条固定的平行导轨接通大的电流电源，导轨道中间有一个可以滑动的电枢。当电源接通时，电流从一条轨道流经电枢，然后再由另外一条轨道流回，构成了一条闭合电路。强大的电流经过两条平行的导轨时，在导轨之间就产生了强大的磁场，这个磁场与流经电枢的电流相互作用的结果就产生了力量，这个力量就可以推动电枢和放在电枢前面的弹丸，弹丸沿导轨加速运动，从而获得超高速发射出去。

利用电磁的力量发射弹丸的电磁炮其实并没有炮管，只有两条平行的导轨。这种炮的好处很多，由于不用火药，因此不必担心炮弹瞎火和炸膛，另外电磁炮的发射不产生后坐力，因此现在很多科学家都在研究电磁炮。美国从 70 年代末就开始研究电磁炮，经过多年的研究和反复实验及不断改进，他们已经做到了把弹丸以每秒钟 10 千米的速度发射出去，这种发射速度要比普通的火炮发射弹丸的速度快 10 多倍。这对传统的利用火药来发射炮弹方式来讲是重大突破，它开阔了人们的视野。

电磁炮需要很强的直流脉冲电流，电流值要求达到数万甚至数十万安培以上。很长一段时间，电磁炮研究工作所以进展很慢，主要的问题是没有找到合适的储能设备，因此不得不采用庞大的电源装置产生大电流。当时的设备大概有好几间房子那么大，很笨重，影响了电磁炮的使用。经过多年研究以后，现在基本上解决了储能问题，设备的体积已经缩小到 1 立方米以下，不管是装在坦克或是飞机、军舰上都有实现的可能。同时，由于计算机的发展，可以利用计算机来控制高速大电流开关系统，使电磁炮的研究工作获得迅速发展。现在除美、俄以外，德、英、法、日、澳大利亚、以色列等许多国家都在研制电磁炮样机，品种多达几十种。

为什么各国都很重视电磁炮的研究？主要是为了应付未来战争的需要。未来战争高速度运行的导弹是主要武器，而且导弹自身防护能力很强，比如，有的反舰导弹弹头部分的防护装甲厚达 85 毫米。对付这些武器没有超高速、高动能的武器是不行的。电磁炮优点有很多，弹丸速度快、射程远、炮弹结构简单，省去弹壳、药筒和火药等装置和材料，减少了污染，降低了成本，使用安全可靠。是反导弹武器的最佳选择。电磁炮可以放在坦克、飞机、舰艇上，还可以放在太空的卫星上。它既是一种战略防御武器又是一种战术武器，在军事领域有

天基电磁炮

着广泛的应用前景。

　　研究电磁炮有许多技术难点，最主要的是要研究具有很强大功率的电源，体积不能太大。发出电以后要储存起来，以便需要时用它发射弹丸，这项技术的难度也是很大的；另外一个难点是材料问题，导轨、弹丸和电枢都是在强大电力下才能工作，怎么样才能经受住高压、高温的考验，对材料的要求是非常高的。弹丸的材料也很重要，弹丸以那么高的速度发射出去，在大气中经过摩擦，如果不是耐火力很强的材料，很快会被烧光，就像我们经常看到的流星一样。此外还有绝缘问题、控制问题等。据专家预测 21 世纪初这种新武器将装备部队正式使用。

浮动的堡垒
——航空母舰

　　现代的军舰是从古代的战船逐渐发展起来的。根据文献记载，中国在春秋战国时期，南方长江流域一些诸侯国家利用战船作战已经很频繁。当时利用战船作战主要是靠冲撞或者是用一种叫"拍竿"的战斗兵器，这种武器类似现代建筑用的起重机。一个直立的支柱，柱顶有一个横杆，可以四处转动。杆的一头上吊着一个重锤以绳索及绞盘控制，当两个船只靠近时，调整横杆使重锤猛然下降，把敌人的船舱砸个漏洞。发明了火器以后，普遍运用火攻。大家熟知的《赤壁之战》就是在水战中利用火攻的典型战例。这反映了当时利用战船战斗的特点。在战船的发展方面，中国还有很多创造，比如，有一种船叫作联环舟，船分成两节，前半节放上很多爆炸性的火器，后半节可乘坐武装战士。当冲撞到敌船时，船头上有很多倒钩的钉子，把敌人的船给钩住，点燃火器爆炸，和敌人同归于尽。后半节是由铁环连着，当半截前撞击敌船以后，铁环自动脱落，这些战士就划着后半截船回到自己阵地。还有一种子母舟，也是一种用于火攻的战船。母舟里藏着一只小船，叫子舟，母船和子船一块前进，母船上装有很多火器，当靠近敌人后，母船上的火器燃烧，烧毁敌船。这时战士可以驾驶子舟从母船里出来，返回自己的营地。所以，古代的战船发展到后来主要是利用火器进行作战。火炮发明后，大量利用火炮进行远距离作战。

航空母舰

　　发明了现代军舰以后，作战武器仍然靠舰炮。舰炮作为战舰上的武器延续使用了很长时间，一直到后来发明了以舰载飞机为作战武器的航空母舰后，很多人还扭转不了军舰应该靠炮来作战的观念。许多国家的军事当局开始并不重视发展航空母舰。"巨舰加大炮"的观点很长时间占上风。

　　1903 年美国莱特兄弟发明了飞机以后，当时就有人设想，能不能用军舰带上飞机参加作战。1908 年法国有一个发明家叫做科雷曼·阿德，写了一本书《军事飞行》，在这本书里他提出了航空母舰的设想，军舰上能够起飞降落飞机，并且航空母舰还要有储藏飞机的机库，用升降机把飞机提到甲板上飞行。同时他还设想，航空母舰本身以很快的速度航行，可以配合飞机降落等，从总体上勾划出航空母舰的轮廓。但遗憾的是他的设想并没有引起法国军事当局的重视反而笑话他是空想。而美国人对这种设想感到很有意义。美国在 1910 年，首先在一个巡洋舰上经过改装，在甲板上面铺设了一个 25 米长，宽 7 米左右的木质跑道，在上面进行飞机起降实验，取得成功，飞机终于可以在军舰的甲板上起降了。

　　1912 年，英国把一艘巡洋舰改装成航空母舰，改装的主要目的是装载水上飞机。飞机并不在航空母舰上起飞和降落，仍然在水上起飞和降落。只不过是用吊车把飞机吊到船上来，由船来运输，所以，这还不算是真正的航空母舰。1918年，第一次世界大战后期，英国海军又把一艘巡洋舰改装成航空母舰，飞机可以在木制的跑道上起飞和降落。随后英、美、法、日等国又先后改装了几艘航母。1922年，日本制造了一艘"凤翔号"航空母舰，这是世界上第一艘专门设计和建造的航空母舰，在这个时期，美国、英国、法国都开始制造航空母舰，唯独德国和意大利倾向于发展飞机，因此他们的航空母舰研制工作进展缓慢。

第二次世界大战前夕，各国的航空母舰的数量：美国7艘、英国7艘、法国2艘、日本10艘。航空母舰的性能有较大提高，用于侦察、防空、轰炸、鱼雷攻击、校正舰炮射击等。但在当时，英、美等国的海军仍然奉行"巨舰、大炮主义"的传统思想，把航空母舰只当做是辅助兵力使用。

在第二次世界大战中，特别是1941年，日本海军用6艘航空母舰为主力袭击珍珠港成功，使得美国的太平洋舰队受到了很大的损失。此后，在太平洋战区又多次进行了著名的海战，每一次海战都是以航空母舰为主力进行的，这充分显示了航空母舰的巨大作用。从此以后航空母舰就逐渐取代了其他的军舰作为舰队的主力军。美、日、英等国竞相大力发展航空母舰，航空母舰的数量不仅增多了，质量也提高了。排水量3万吨以上的重型航空母舰最多可以搭载100多架飞机。可以储存几千吨的弹药，它控制的作战范围达到了300海里左右。特别是发展了核动力的航空母舰以后，航母真成了海上堡垒。以美国"尼米兹"号航母为例，该舰排水量为9万多吨；甲板面积相当3个多足球场的面积；舰载机90多架，可以控制1000千米的海域和空域。全舰有6000多名舰员。加一次核燃料可用13年，续航能力达到100万海里以上，相当绕地球25～30圈。

航空母舰的防空能力也增强了，不仅全舰有装甲保护，同时在水下还有防潜艇、防水雷进攻的武器。但是，航空母舰也有它的弱点，由于它的体积比较大，容易暴露目标，自我防御能力相对比较小，在作战中需要其他舰艇保护。另一方面，航空母舰在海上飘浮不定，有的时候向左右或向前后倾斜，飞机起飞降落必定受到一定的影响。再有一点，航空母舰上存放了很多兵器和弹药及航空汽油，这些东西很容易引起火灾和爆炸。

　　航空母舰的发展过程中，遇到的困难就是如何解决飞机起飞和降落问题。因为一般的飞机起降都需要一个长长的跑道，特别是喷气式飞机，如果在陆地上起飞，跑道长度应该在 2000 米以上，但是在航空母舰上飞机跑道不可能有那么长。当今世界上最大的美国航空母舰，跑道长度仅仅有 333 米。为了能够在航空母舰上同时起飞降落飞机，这个长度又分成起飞区和降落区。这样，供起飞飞行甲板的长度仅仅是 100 米左右，供降落的甲板长度可以达到 240 米左右，比陆地上机场跑道的长度要短得多。现在高性能的战斗机在陆地上降落至少要有 800～1000 米的跑道，怎么样解决飞机短跑道起飞和降落问题，这是

弹射器

拦阻器

一个方面。另外航空母舰是在海上漂浮或航行，甲板不稳定，这也给起飞降落增加了难度。在航空母舰上起飞降落也有一个可以利用的条件，那就是飞机起飞时可以借助航空母舰航行速度的帮助；降落时航空母舰是往前开进的，飞机也可以减少在跑道上滑行的距离。总体上，飞机在航空母舰上起飞降落是比较困难的，而且也是很危险的。

在发展航空母舰的过程中，关键技术是如何解决短跑道飞机起降。要解决这个问题，从原理来说也不是很复杂，不外乎一"推"一"拉"两个字。飞机起飞的跑道不够长，就设法给飞机推一把，使它增加一些力量，让飞机在短距离跑道上能够获得更巨大的推力，飞机就可以很快升空了。飞机在降落时因为速度比较快，要滑行很长的距离才能停下来，这时如果给它一个拉力，拉它一把，使它很快减少前冲力，能够在比较短的跑道上停下来。这个道理说起来很简单，但是设计"推"或"拉"的设备，却经过了一个很长的过程。

给飞机推一把，帮助飞机起飞的设备叫做弹射器，这种弹射器很像过去打鸟兽用的工具——弹弓。制作航空模型时，也会利用橡皮筋弹射的办法使模型飞机在空中飞翔。弹射器的发展也经过了漫长的历史。开始时用弹簧，后来用压缩空气，再后来又发明了火药弹射器和火箭弹射器。最后发明一种蒸汽弹射器，这种弹射器使用起来效果比较好，因此现在很多大型航空母舰上都是利用蒸汽弹射器帮助飞机起飞。这样就可以在比较短的跑道上使飞机获得很大的推力，能很快地起飞。蒸汽弹射器实际上是一种往复式蒸汽机，和火车的蒸汽机相比，它的活塞行程较长。高压蒸汽充气后，活塞带动往复车和舰载机在滑槽内高速向前滑动，将飞机弹射出去。类似拉弓射箭。目前，航母上一般装有3～4部蒸汽弹射器，其长度90米左右，每分钟弹射一架，紧急时也可以多架同时使用。

解决飞机降落问题也是经过了漫长的发展过程。开始时利用一些沙袋和绳索拦阻飞机。在飞机下降时，尾钩钩住横放的绳索，绳子两边上挂上沉重的沙袋，飞机往前冲的时候带着沙袋往前跑，增加了阻力，飞机就能很快地停下来。喷气式飞机前冲力增大，靠系沙袋的绳索不行了。经过不断改进，目前多采取阻拦索，这也是受到古代绊马索的启发，古代对付骑兵作战时有一种绊马索，就是在距离地面 30 厘米左右高度拉上一根绳子，马队冲过来被绊倒，骑兵也就失去了战斗力。航空母舰上的阻拦索和绊马索作用是一样的，在飞机降落的跑道上，一般挂 4 道阻拦索，每一道阻拦索之间相隔 14 米。阻拦索用 6 厘米粗的钢索制成，高度距甲板 50 厘米。索两端通过滑轮与甲板缓冲器相连。飞机着舰时，尾钩只要钩住一根阻拦索，在前冲 60 米后即可停下来。万一飞机尾钩故障或战斗损伤，还有一个由尼龙带编织的阻拦网，飞机撞网后很快可以停下来。

发明了直升飞机以后，直升飞机在航空母舰上怎样起飞、降落，并不像想象的那么简单。因为航空母舰不管是在停泊或航行过程中，总要受到海浪的影响，前后左右的摇摆。航空母舰的甲板也在不断上升下沉，幅度每秒钟达到 1.5～6 米。在这种情况下，直升飞机要想平稳地降落在航空母舰上也是很困难的事，和在陆地上起降完全不一样的。解决这个问题也有特殊的办法，航母上专门有舰载直升飞机着舰装置。直升机在降落时，首先要放下一个引索，把舰上的拉降索拉到机上卡定。舰上收紧拉降索，拉直升机下落，然后把它系留在甲板上。防止直升机由于船的倾斜摇摆，滑落到海里。

航空母舰成为海军舰艇中的老大，一些主要海军国家将着重发展大型核动力多用途航空母舰。有的国家则着重发展中、小型多用途航空母舰。美国正在秘密研制水下航母。它能掩蔽潜航，战斗时，升出水面，迅速放出飞机；巡逻时，在水下航行，同时又可在水下发射导弹。总之，航空母舰这座浮动的堡垒还在不断发展。

水下杀手
——核潜艇

  19 世纪以前，有一些国家的探险者曾多次研究能够潜水行驶的船只。1620 年荷兰的物理学家 C·德雷布尔，在英国建造了一艘潜水船，这只船是用木框架包上皮革，然后用羊皮囊作为压载水舱。把羊皮囊灌满水，这只船就可以潜到水下 3～5 米深，如果把羊皮囊的水排出去，船就可以升到水面上。船有 12 只桨靠人力划动，这种潜水船被认为是潜水艇的雏形。

  到了 18 世纪 70 年代，美国人 D·布什内尔建造了一艘单人操纵的木壳潜水艇，叫做"海龟"号。这种潜水艇能够在 6 米的深水下停留 30 分钟，艇上有螺旋桨靠人来操纵。1776 年，利用"海龟"偷袭停泊在纽约港的英国军舰，当时的办法是把定时炸弹通过潜艇固定在敌军舰的底部，通过定时炸弹的爆炸袭击敌舰，但是没有取得成功。到 1801 年，美国人 R·富尔顿建造了一艘潜水艇，叫做"鹦鹉螺"号，艇体为铁架铜壳，7 米长，可以携带两枚水雷，由 4 人操纵。19 世纪 60 年代，美国南北战争中，南军利用潜水艇施放水雷曾经击沉北军战舰，首创了潜艇击沉军舰的战例。1880 年，中国在天津曾经建成了第一艘潜艇，它可以把水雷放到敌人的船只下，潜艇形状像一个橄榄，在水下行驶十分灵捷。

  早期的潜艇都是靠人力推进的，航行的速度也很慢。1863 年，法

核潜艇

国建造了一艘潜艇，当时用压缩空气发动机作动力，这种潜艇能够在水下航行3个小时，速度为2.4节（1节等于每小时1海里），而且下潜的深度达到12米。后来英国又建造了用蓄电池为动力的潜艇，航行的距离大大提高。1897年，美国建造了在水面用汽油机作为动力，在水下用电动机作为动力来推动的潜艇，实现了潜艇双推进系统。

早期潜艇使用的武器主要是在潜艇上挂带着定时引爆的炸药包或水雷。1866年英国人发明了鱼雷，潜艇可以在水上或水下发射鱼雷，这是潜艇发展史上的一项重要发展。20世纪初，潜艇装备逐步完善，性能逐渐提高，出现具备一定作战能力的潜艇。武器主要有火炮、水雷和鱼雷。第一次世界大战前，各主要海军国家拥有潜艇260艘，成为海军重要作战兵力之一。

第一次世界大战时，德国曾经用一艘潜艇在1个多小时内，接连击沉了3艘英国的巡洋舰，这个战例充分显示了潜艇作战的威力。使用潜艇对于攻击海洋交通线上的运输商船，取得了更为显著的战果。在作战中，各国潜艇击沉了近200艘军舰。潜艇在应急和需要时，也可以担负运输人员和物资的使命。有趣的是第一次世界大战期间，英国的潜艇曾完成了一次特殊任务。当时，一位阿拉伯国家的族长请求英国国王用潜艇替他转移大批黄金，完成任务后，族长送给英王一头珍贵的白骆驼，巨大的骆驼怎么能装进潜艇运回去呢。艇长把它绑在舰桥上的高射炮筒上，返航开始了，在水面航行好办，突然发现敌情，那是战争期间，潜艇赶紧下潜，只把骆驼的脑袋探出水面，最后，终于完成了任务，把白骆驼交给国王。为此，国王特授予艇长一枚勋章。成为一桩关于潜艇的趣闻。

　　第一次世界大战后，各国的海军更加重视建造和发展潜艇。潜艇的数量也在不断增加，到第二次世界大战前夕，共有潜艇 600 余艘，潜艇的性能也有很大的提高，下潜深度达到 200 米，排水量增加到 2000 余吨，水下航速 10 节，在水下面可以连续航行 1 万余海里，装备有 10 个鱼雷发射管，可以携带 20 枚鱼雷，并且还装备有火炮。在一到两个月之内不需要补充弹药和各种食品及油料。根据统计，在第二次世界大战期间潜艇共击沉运输船 5000 多艘，击沉军舰有 300 多艘。由于潜艇的发展引起了反潜作战，反潜兵器也得到了很大的发展。这个期间，被击沉的潜艇达到 1100 多艘，所以，潜艇的发展和反潜武器的发展是相互制约，互相促进。

　　在第二次世界大战后期，世界各国的海军十分重视新型潜艇的研制，在这种情况下，核动力和战略导弹的运用，使潜艇的发展进入了一个新的阶段。1955 年，美国建造了世界上第一艘核动力潜艇，叫做"鹦鹉螺"号，这种潜艇在水下的航行速度比原来的潜艇增大了 1 倍多，而且能够长时间在水下航行。第一艘核潜艇使用的核燃料仅仅和一个垒球大小差不多，这么一小块核原料，能够使得核潜艇在水下航行 10 万多海里，为建造这艘潜艇花了 9000 多万美元，后来美国又陆续建造了很多艘核潜艇。

　　美国核潜艇研究成功以后，曾经做了一次很重要的实验航行。潜艇从太平洋珍珠港出发经过北冰洋，从北冰洋的冰层下航行到了大西洋的英国。这次航行是美国"鹦鹉螺"号进行的。经过 96 个小时航行，一共航行了 1830 海里，完成了具有历史意义的使命。当潜艇经过

上浮状态

压缩空气

被排出的空气

下潜状态

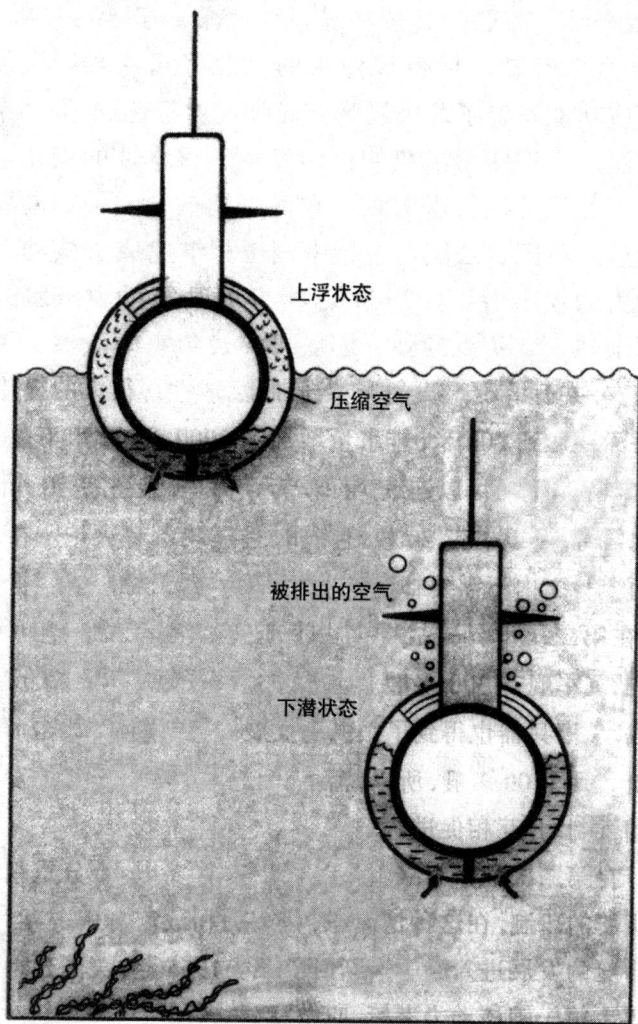

潜艇上浮，下潜原理

北极点冰层下面时，研究学家曾经做过一些测量，测得到当地的海水温度是摄氏 0.2 度，海水的深度是 4090 米，冰层的厚度是 7.6 米。这艘潜艇就是在冰层下面通过的，这次实验也说明了核潜艇续航能力是比较强的。

　　1959年前后，苏联也建成了核动力潜艇。到1960年，美国又建成了核动力导弹潜艇，把带核弹头的"北极星"导弹装到潜艇上，而且在水下成功地发射了北极星弹道导弹，射程达到2000余千米。弹道导弹核潜艇的出现使得潜艇的作用发生了根本性的变化，它已经成为活动于水下的战略核打击力量，它可以把核导弹带到世界任何一个地方去。此后，英国、法国，包括中国也相继建成了核动力战略导弹潜艇和核动力的攻击潜艇。20世纪80年代，核动力潜艇的排水量增加到2.6万余吨，装备有导弹、巡航导弹、鱼雷等武器。下潜的深度可以达到300～900米，它的续航能力、隐蔽性、机动性和袭击的威力都大大提高。1982年，英国和阿根廷在马尔维纳斯群岛的海战中，英国海军核动力攻击潜艇征服者号曾经用鱼雷击沉了阿根廷海军的巡洋舰，这是核动力潜艇击沉水面战斗舰艇的首次战例。到80年代末，世界上有40多个国家和地区都装备了各种类型的核潜艇。

　　核潜艇的动力来源主要是靠核燃料产生的力量，核潜艇比常规潜艇的航速要快，自给能力和攻击力强，续航的时间也很长，能够在水下长期隐蔽活动。一般的战略导弹核舰艇有6000～18000吨，最大的甚至达到2.6万吨。换装一次核燃料可以连续使用3～10年，航行6～40万海里，下潜深度达到300～600米，最大可以下潜到900米。水下航行的速度能达到20～35节。潜水艇里面有一个核反应堆，核燃料就是铀—235，它在反应堆里产生核裂变，和原子弹爆炸原理类似，但是它是有控制的裂变反应。反应过程中释放出大量的热量，使得水变成蒸汽，然后推动透平机带动螺旋桨。同时，透平机可以发电，为潜艇提供电力来源。为了有两手准备，在核潜艇里还备有蓄电池及柴油发电机，一旦核反应堆出现事故时，还可以利用蓄电池作为核潜艇的动力。核反应有放射性，在潜艇里要设置防护层来保护核潜艇里的人员不受放射性污染的影响，这也是很重要的问题。不论保护层的材料还是核反应堆的设计，各个国家都进行了很多研究，各有各的特色。另外在核潜艇的各个部位都设有放射性的检测装置，一旦放射性物质泄露，检测装置就发出警报，以便采取措施，净化空气，保证人员的安全。利用核反应堆发电，为核潜艇里提供充裕的电能，一方面进行海水淡化，满足潜艇里的人员对淡水的需要，另外用于空气的净化、湿度调节和制造氧气，改善潜艇里人员的生活条件，使得潜艇离开基地后能够长时间在水下活动。核潜艇的出现，是潜艇发展史上重大的飞跃，从1955年美国建造第一艘核潜艇到现今，美国、苏联、英国、法国和中国都生产了核潜艇，仍在服现役的核潜艇总共有400艘以上。

随着科学技术的发展，核潜艇还要进一步研究改进。主要是降低噪音，发展一种"安静型"的核潜艇，提高无声航速，使得它在航行过程中声音变得更小，避免被敌人发现，确保安全可靠。在国外曾经有一种比喻，把潜艇部队叫做"寂静"的兵种，说明了潜艇在水下航行时发出的声音越低越好。

水 上 飞
——非排水型船

　　自古以来，舰船都是靠水的浮力才能存在，水的浮力支持了船的重量，所以船能够飘浮在水面上而不下沉。常规舰船，航行时和停泊时吃水没有明显差别。吃水是什么意思？船在水里，船体有一部分在水面以上，另一部分在水面以下，水线面至船底的垂直距离叫做吃水。舰船装满货物，吃水大，空船吃水小。船在航行时受水的阻力影响，要使船的速度再进一步提高，就会受到一定的限制，因为船开得越快，水的阻力也越大。要想使船速提高，只有摆脱水的阻力，这个想法被英国工程师科克莱尔实现了。1955 年，他用理发吹风机制成"气垫船"的模型，试验是成功的，从此一种新型船诞生了。但是当他找船舶制造商生产时，船舶制造商认为这根本不是船，不肯出钱。他又找飞机制造商，飞机制造商认为，这不是飞机，也拒绝帮助。更有人认为气垫的方法根本行不通。幸亏一位好心的船商出资为他制造了一台机器，科克莱尔用它作为动力装置制成了第一艘气垫船。1959 年，由政府拨款制成一艘气垫船，时速 96 千米，经过试航，顺利地通过英吉利海峡，成为世界上第一艘实用的气垫船。

　　气垫船在航行时离开水面，靠高压空气形成的气垫而不是靠水的浮力支持船的重量。船不接触水，水对它的阻力就没有了，因此这种船航行速度很快。和普通排水型船只不一样，人们把这类船叫做非排

气垫船

水型船。气垫船上有大功力的风机，风机将压缩空气压到船底，压缩空气在船底和水面之间形成了气垫，使船体全部或大部分垫升，离开了水面，可以在水面上高速航行。气垫船底四周装有一个围裙，围裙是用橡胶做的，有一定的柔软性，它可以封住压缩空气，使压缩空气不会散失，这样就可以把船托起来。船的航行靠空气螺旋桨推进，航行速度非常快，航速可以达到 50～70 节（1 节＝1 海里/每小时），总的重量 10～300 吨，续航能力 200～700 海里。它的特点是，不仅在水面上航行，它还可以在沼泽地、冰雪和沙漠等平坦地区运行，有良好的两栖性和一定的超越障碍的能力。但是在大风浪中航行时，速度会受到影响，容易产生侧向飘移。还有一种气垫船，为了使压缩空气不向四外扩散，将船两侧的围裙改用刚性材料制作，刚性材料的侧壁插到水中。这样压缩空气封得比较严密，使船的速度还能够进一步提高，达到 90 节，续航能力也有提高，达到 1500 海里。这种船稳定性比较好，但是不能登陆，因为它侧壁是用金属做的。现在有的国家正在研究制造更大的气垫船。气垫船在军事上可以作为气垫登陆艇、巡逻艇、导弹艇、扫雷艇、交通运输艇等，曾经在越南战场使用。我国在20世纪60年代就生产了气垫船，并装备了部队。气垫船的出现是一个开端，从此引出一系列非排水型船的诞生。

气垫滑行艇，也是一种在航行时大部分船体都脱离水面的船只，靠航行时船体产生的流体动压力支托艇重量高速前进。这种船的形状比普通船短而宽，底部比较平。航行时船首略微抬高，船舷部离开水面，底面贴着水面滑行，使航行的阻力减小。可用作鱼雷艇、导弹艇、巡逻艇、缉私艇等。这种滑行艇造价比较低，可靠性好、结构也比较简单。不少国家海军保持相当数量的滑行艇，民间也广泛使用。

气垫水翼艇，这种艇航行时也是离开水面的，利用艇体下的水翼在高速航行时产生的水动升力将艇托起。通常的水翼艇装有前后两组水翼，高速航行时将艇体全部脱离水面并维持艇的平衡。这种水翼艇产生的原理和飞机机翼产生升力原理类似，但是它的升力更大一些。20世纪初开始制造水翼艇，在第二次世界大战期间德国海军建造了水翼炮艇。后来水翼艇发展很快，特别是前苏联海军装备了大量的水翼艇。美国的导弹水翼艇，排水量240吨，最大航行速度是48节。目前很多国家都装备了水翼艇。中国海军在60年代就装备了有翼滑鱼雷艇。水翼艇已被各国广泛用作导弹艇、护卫艇、猎潜艇，排水量多为300吨，航速38～60节。现在许多国家正在研究建造500吨以上的大型水翼舰。

1974年初的一天，世界最大的湖泊里海，风平浪静，前苏联在这里进行新艇试航。只见一艘有翅膀，有尾翼，形似飞机的新型舰艇在水面跃起，贴着水面飞速航行。艇长120米，宽40米，总重量500吨，航程一万多千米，最高航速每小时560千米。最低飞行高度距海面7～15米，可运载900名全副武装的战斗人员。当时美国侦察卫星得到情报，大为吃惊，弄不清这种新式武器是什么东西，只好给它取个名字叫"里海怪物"。确实这种东西有点怪，它不是飞机却有飞机的速度；不是车船却能在水上行驶，还可以在沼泽、荒漠上奔驰；它将飞机和舰船的优点集于一身，却无须修机场，建码头，可以随意起降和停泊，而且更加安全、经济和舒适。人们称赞它是21世纪的理想交通工具。它的名字叫做气翼艇，有时也叫冲翼艇、地效翼艇，也有人

气翼艇

叫它做地效飞行器。

　　气翼艇是利用机翼的地面效应增大它的升力，支持全艇的重量，它可以在水面上或平坦地面上航行。早在 20 世纪初，空气动力学家发现，飞行器在靠近地面飞行时，比在高空飞行能获得更大的升力。后来，芬兰、瑞典、瑞士、德国、美国科学家都进行过实验。直到 60 年代，苏联军队为了进一步提高舰船速度，重新想起研究气翼艇。这就出现了前面的一幕中"里海怪物"的出场。苏联解体后俄罗斯继续研究，准备建造大型飞翼艇，重 5000 吨，长 174 米，翼展 100 米，可载 2000 名乘客或 1500 吨货物，船速达 500 节，航程 10000 千米。飞翼艇还有一个特点是使用安全，一般飞行高度只有几米，一旦有故障，可以浮在水面上。由于飞翼艇具有低飞、隐蔽、高速和大运载能力，俄军将舰对舰导弹装在气翼艇上，作为海军攻击舰艇使用。我国在 70 年代开始进行这方面的研究，现在制造出的飞翼艇，可以乘坐 16 个人，时速达到每小时 200 千米，重 4.5 吨，飞行的高度 1～3 米，飞行的距离可以达到 400 千米。气翼艇的军用价值、民用价值都很大，世界各国都在大力发展。

水下有耳
——声纳

　　声纳（SONAR）是一个英文名词缩写的译音，全文的意思是"声波导航与测距"。声纳和雷达工作原理很相似，不同的是，一个是利用电磁波进行传播，一个是利用声波进行传播。电磁波在空气中传播的速度是30万千米/秒，因此，常把雷达叫做千里眼，但是雷达在水下使用就不灵了，因为海水对电磁波的吸收能力很强。声波的传播速度也是很快的，它不仅仅能在空气里传播，而且还可以在水中传播，在水中传播的速度是1450米/秒，比在空气中传播的速度要快4.5倍。有的人曾经做过实验，在水下引发重300磅的炸药，它的巨大声音在水下传播到2万千米以外，在空气里是绝对不可能传播这么远的。因此，利用声波在水中传播的特性发展了声纳这种装备。

　　15世纪，著名的意大利大画家达·芬奇，根据声音水下传播原理，用两端开口的长管插入水中，探听远处有没有船只航行，后人把这种空气管称为"芬奇管"，到现在已经有500多年的历史。后来声纳发展了很多品种，军事上最早是1914年第一次在军舰上使用声纳。经过两次世界大战实战应用，声纳迅速发展起来，目前已经成为水下探测目标、识别目标、目标定位和通信的重要电子设备，成为与雷达齐名的水下"千里眼"和"顺风耳"。目前，声纳的探测距离5～15海里，（1海里＝1.852公里）有的可以探测几十海里甚至100海里以上

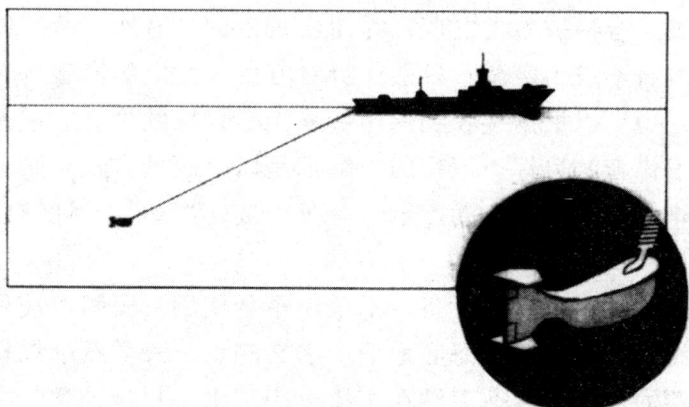

声纳

　　的目标。据不完全统计，在大战期间，被击沉的潜艇中有 60％是由于声纳发现以后被击沉的，可见声纳在反潜艇作战中的作用是非常大的。

　　声纳是根据什么原理探测水下目标呢？

　　声纳的核心部件是换能器。从发射机送出一个电信号，经过换能器变成声波，声波向外辐射，从目标上反射回来的声波或是目标本身反射的声波经过换能器可以变成电信号送入接收机，再经过放大、滤波就可以得到目标的信息。但是换能器发出的声波没有方向性，能量也不集中，即使探测距离很近它也不能够辨别目标的方向。为了把声波的能量集中起来，让它变成有方向性的声波，采取两种办法：一种是把换能器放到像喇叭口的反射器的中心线上，发出声音以后经过汇集就朝一个方向传播，不断转动喇叭口就可以改变声波传播的方向；第二种办法是把许多换能器按一定的方式排列组合起来，构成一个基阵，基阵中心声音增强。根据这个原理换能器就能够收到比较远的信号，同时也可以很准确地测出目标的距离。

　　根据声纳的工作方式不同，它可以分成两种类型：一种叫做主动声纳，就是声纳本身要发出声波，声波遇到了障碍物以后返回，它再接受回波，这样可以测定出目标的方位和距离。但是，由于声纳本身要发出声波，容易被敌人发现，因而暴露目标；另外一种叫做被动声纳，声纳本身不发出声波，只是探听对方目标发出的声音，它的保密性比较好，也可以根据接收到的声音来判断目标的性质。但是，它不能探测不发声音的目标。现在的声纳都是以上两种方式相结合，根据探测对象不同，有时用主动声纳，有时用被动声纳，两种结合使用效果就会更好一些。

声纳是一种水下探测设备，不仅仅军队使用，民间也使用。如探测鱼群，海洋开发，研究海底地形，水文测量、海洋石油勘探、水下作业、探测海底礁石等。声纳在军事上用于水中目标搜索、警戒、识别、跟踪、监视和测定，进行水下通信和导航。声纳技术还用于鱼雷自导和水雷引信。声纳是一个大家族，在军队服务的主要有四兄弟，大哥在水面舰艇服务，它的主要任务是反潜，探听有没有潜水艇进攻，它的探测距离不同，近一点的达到 5 海里，最大的探测距离达到 120 海里；二弟在潜艇上服务，它主要探测水下目标和水面目标，探听周围有没有别的潜艇存在以及水面上有没有敌人的舰船，同时它还为鱼雷提供导航；三弟是机载声纳，在反潜巡逻机和反潜直升机上服务，它有一个很长的尾巴连着，搜集水里的情报；老四是固定声纳，在固定的位置上站岗放哨。它在海底或是飘浮在海面，侦查敌人的潜艇，保卫国家的海防。藏在海底的声纳隐蔽性非常好，能够长时间的工作。

固定声纳也有一定的缺陷，固定在一个位置，只能起监视作用，不能随时移动，容易被敌人破坏。最怕敌人把它的电缆线掐断，因为声纳需要电源，没电就不能够工作了。这种固定式声纳需要布置得比较多才能起作用，美国为了防御前苏联潜艇，在美国 3000 多千米的海岸线上布设了密如蛛网的固定声纳系统，探听有没有潜艇进攻。声纳本身是靠收集声音侦查水下目标的，靠声音侦查也有一个不足之处，携带声纳的船只自己也要发出声音，为了使自己发出的声音不干扰声纳的工作，潜艇、舰船都把声纳安放在声音比较小的部位。要避开螺旋桨、发动机这些地方，潜艇用声纳一般要放在顶部。舰艇携带的声纳，有一种叫做拖曳声纳，用一根绳索拉着声纳，离开船尾 10～100 米的距离，这样防止声纳受舰船本身声音的干扰。

声纳是一种很重要的探测设备，由于声纳靠声波探测，受水文条件的影响和目标变化的影响都很大。比如，在同一海区进行探测潜艇的作业，在冬天探测效果很好，到了夏天由于水温升高，探测的效果就明显下降，有时根本找不到目标。因为海水有的地方温度高，有的地方温度低，在这种变化层里声纳就很不稳定。如果有风浪、海底地形变化大、目标运行速度快等等，都会影响声纳探测结果。为了进一步增强反潜艇的探测能量，除去要提高声纳性能外，还发明一些不完全靠声音探测的办法，与声纳配合使用。比如利用雷达或是用磁力探测仪、红外探测仪及废气探测仪等等，因为常规潜艇不可能长期在水下活动，而是隔一两天就要浮出水面补充氧气，只要它一浮出水面就会被雷达发现。潜艇都是用钢铁制造的，它在水中航行会使磁场发生变化，可以用磁力方法来探测有没有潜艇。另外，潜艇本身散发一定的热量，也可以用红外探测的办法发现潜艇的存在。潜艇还要排除一些废气，可以利用测量废气来探测潜艇。所以各种探测设备要和声纳配合起来使用，才能起到最佳的效果。

水下伏兵
——水雷

　　1991年，海湾战争期间，美国派了很多大型军舰参战，在军舰出发以前，曾经派了扫雷舰，为军舰开进打开通路，因为，伊拉克在科威特海岸布设了许多水雷。但结果并不理想，没能把水雷完全清除干净，几艘军舰仍然没有逃脱被水雷炸伤的命运，其中包括一艘造价10亿美元的"普林斯顿"号巡洋舰，由于损害严重，不得不退出战斗进行维修。另外一艘两栖攻击舰也被水雷击中了，被炸开了一个长6米，宽5米的大洞，使得该舰抛锚7小时之久。根据这个情况，美国、英国和沙特部队赶紧派出扫雷部队在海区反复搜索，又发现了22枚水雷。可见，水雷这种武器防不胜防，威胁很大。

　　水雷是一种很古老的兵器，人工操纵的水雷是中国人首先发明的。早在明朝，中国在水战中就运用了"水底雷"。还有以燃香为定时引信的"水底龙王炮"漂雷和用绳索为碰线引爆的"水底鸣雷"。在国外也有类似的发明，1585年意大利人制成用钟表改装成定时起爆的装置，成了定时爆炸的水雷。后来水雷的发展越来越快，品种也越来越多。在第一次世界大战期间，一共布设了31万枚水雷，炸沉炸伤舰船近千艘。第二次世界大战期间，布设的水雷约80万枚。这时的水雷有了新的发展，都是藏在水中，靠磁力或声音引爆，不容易被发现。以前的水雷大都是飘浮在水面上的触发式水雷，碰到它以后船就会被炸毁或受伤。二次大战交战双方因水雷战损失的舰船有 2700 多艘。1945 年，美军布放 12000 多枚沉底水雷封锁日本本土，炸毁日本舰船近 700 艘，使日本海运交通停顿，造成工业减产 2/3，称为"饥饿战役"。1950 年，朝鲜战争期间，朝人民军在元山海域布雷 3000 余枚，炸伤炸沉舰船 7 艘，使美军登陆推迟 8 天。1972 年，美国在越南北方沿海港口河道布设了 10000 多枚水雷，使越南损失了舰船 10 余艘，水上交通中断。1984 年红海出现来历不明的水雷，先后有 14 个国家的 20 余艘商船被炸，共 9 个国家派扫雷部队，兵力达 3000 余人，排雷持续了一个多月。水雷和地雷有同样的特点，布雷容易，扫雷难。因为它的数量多，分布广，再加上现在的水雷技术先进，隐蔽性强，发现和排除均十分困难。

水雷藏在水中，大体上分为三种类型：第一种叫做飘雷，就是飘浮在水面或一定深度。早期水雷都是飘浮在水面，当船只碰上以后引起爆炸，使得船受到损伤，现在已经很少使用了。为了隐蔽，飘雷也可以飘在水面以下一定深度，但它仍是自由飘浮，没有任何固定装置；第二种叫做锚雷，锚雷由雷体、雷索和雷锚组成。在雷体的底下有一根雷索连接着雷锚，用雷锚把雷体固定在一定的深度上；第三种叫做沉底雷，把这种水雷沉到水底，当它接受到信号后，可以自动升起来，再引起爆炸，这种雷最为隐蔽，因为它在海底很难发现。

水雷怎样才被引爆，有两种方式：一种是触发式，另一种是非触发式。触发式水雷有很多触角，好像羊及牛的犄角一样。舰船必须直接碰撞到水雷触角上，水雷才能爆炸。还有一种在水雷上拉出一个 30 米长的触线，当船只或舰艇碰到这根线就可以爆炸。非触发水雷，舰船不直接接触水雷，但水雷仍可爆炸。它是利用声音、磁力或水的压力变化来触发引爆。船都是用钢铁制作的，具有磁性，当船经过水雷附近时，舰船的磁场作用到水雷的磁针，磁针接通电流，引起水雷爆炸。装有声音引信的水雷，是利用船只在行进中螺旋桨发生的噪音引发水雷爆炸的。水压引信，当船只经过水雷时，水的压力有变化，利用水压引爆水雷。有的水雷同时利用好几种引爆方式，万一有一种引爆不成，另外一种方式还可以起作用。

这几种引爆方式各有利弊，比如，利用水压控制引爆水雷，当风浪很大时，也会产生水压，容易错爆。因为水雷不能判断是由于船只造成的，还是风浪造成的水压变化，水雷就自动爆炸了。靠磁力引爆的水雷，有时候也会不分敌我，敌人的船只有磁性，我方的船只也有磁性，有可能被自己的船只引爆。后来又发明了遥控水雷，是靠遥控信号控制的。水雷接收到己方从海岸或从舰艇及飞机上发出的遥控信号，才能爆炸，其他的信号它不接收。但是这种水雷使用也有一定的限度，只适合在防御状态下使用。后来又发明了自导水雷，这实际上是鱼雷和锚雷相结合的产物。水雷和鱼雷不同的地方是，鱼雷有发动机，自己可以在水里航行；水雷没有发动机，自己不能航行，是等着敌人上钩，守株待兔。为了让水雷能够主动地进攻，所以发明了一种自导水雷，就是把鱼雷放到较大的水雷里，当发现有敌人时，锚雷就自动的把门打开，鱼雷就从水雷里钻出来，自己航行，自己去寻找目标，然后把敌人的舰船消灭掉。锚雷和鱼雷相结合，组成自导水雷，这比原来的守株待兔式的水雷更先进了一步。

由于水雷威力非常大，于是就出现了各式各样的反水雷武器，有矛就有盾。反水雷武器有：扫雷具、灭雷具、灭雷炸弹等。扫雷具是

水翼船扫雷艇

用机械方法清除水雷或设法诱使水雷爆炸。用船或者直升飞机拖着一根扫索，上面装有扫雷的器械，割断雷索的刀具或爆破筒，当扫索前进时，可以把锚雷的雷索割断或炸断，水雷浮到水面，然后用爆炸物把雷销毁，这种方法适用于对付锚雷和飘雷。另外一种办法叫非接触式扫雷。由于水雷是由磁性、水的压力或舰船发出的声音引爆，这种扫雷方法就是模拟这几种情况，使得水雷判断错误，误以为是真的舰船来了，自己就爆炸了。对于水底下的沉底雷，以上方法很难扫除。所以又发明了猎雷具，这种武器由专门的猎雷舰携带，首先利用声纳发现沉底雷，放出灭雷具，灭雷具是一种带有灭雷炸弹的遥控小型潜水器，灭雷器在水雷旁安置灭雷炸弹后被回收，遥控引爆炸弹，水雷被扫除。

排雷机器人

世界上只有苏联海军装备了核装药水雷，这种水雷攻击目标是航空母舰和大型舰船、核潜艇。它的威力相当于普通水雷的十几倍。世界上最先进的水雷是英国研制的"海胆"水雷，它是一种很敏感，又能控制自己的沉底雷。它有控制程序，当舰船行至最合适的位置，它才爆炸。另外，它还有自行检查内部故障的能力，如果在定期检查时发现问题，将会自动失效。这种水雷寿命很长，可达数十年，称得上是一种"长命水雷"。西方国家正在研制一种"自掩埋水雷"，这种沉底雷有抛沙机，电脑控制自动抽吸泥沙掩埋雷身，隐蔽起来，只把探测器像触角一样，露在泥沙外，探雷器、灭雷器很难发现。

磁性水雷、音响水雷和水压水雷都是德国人发明的，这些奇特的水雷当时作为一种秘密武器，开始使用时确实令人吃惊。别的国家费了好大力气才弄清楚这些水雷的原理，后来各国纷纷研制新型水雷，同时也在研究反水雷的武器。有趣的是海战史上最大的水雷阵却是对付德国的。1918年，英、美两国用了6个月的时间，布设7万多枚水雷，组成230千米长的水雷阵，封锁北海北部海域，企图阻止德国潜艇进入大西洋。由于雷阵被德军侦破，加之水雷质量不佳，半年内只炸毁德国潜艇6艘，效果并不理想。也许正是这件事，刺激并促进了德国研制新型水雷，到了20世纪40年代，德国果然发明了多种引爆形式的水雷。使水雷的发展进入了一个新阶段。

水中爆破手
——鱼雷

在描写海战的电影或电视片中，经常可以看到一种场面，由潜艇或是鱼雷快艇发射鱼雷，就像一条凶猛的鲨鱼迅速冲向目标，当撞击到军舰时，顿时火光冲天，发出强大的爆炸声，舰船不是被击沉就是受到严重损伤，人员纷纷落水，鱼雷威力之大，确实令人生畏。

鱼雷是一种能够自己航行，并且能够自己控制的一种水中的武器，它可以从舰艇、潜艇上发射，也可以从飞机上发射。鱼雷的品种非常多，也可以说鱼雷是一个很大的家族。从它的大小来看，最长的鱼雷有8～9米长，最短的也有2～3米。从它的重量来看，重的能够达到2000千克，轻的也有100千克。鱼雷水下航行的深度，从距离水面几米到百米，最深可达900米。它航行的速度，一般能够达到35～60节，最快的可以达到70节。它航行的距离一般可以达到1万～3万米，最大的航行距离有的可以达到4万多米。从这些数字来看，说明鱼雷不仅活动范围很大，威力也是很强的。鱼雷由三个部分组成，前面叫做雷头，雷头里放着炸药。中间部分叫雷身，雷身是动力源以及一些控制系统，使得鱼雷能够前进。最后是雷尾，雷尾有推进器和操纵舵，保持鱼雷的方向。1866年，一个英国人叫R·怀特黑德的工程师首先制造出自航鱼雷，当时叫做"白头鱼雷"，为什么叫做白头鱼雷？因为这位工程师的名字英文的意思是白头。后来各国都发展这种

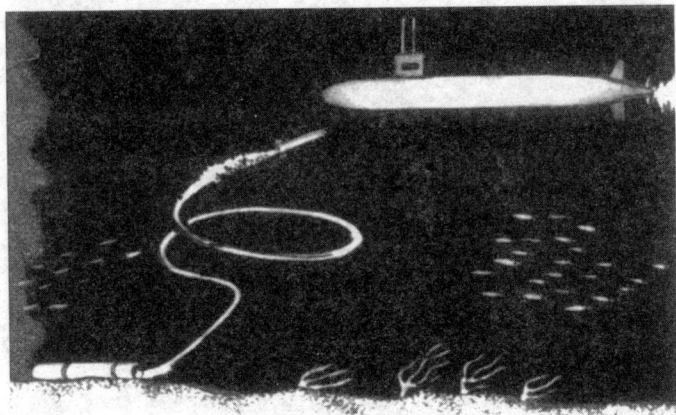

沉底鱼雷

武器，并且在作战中显示出它的威力。经过不断的改进之后，到第一次世界大战时，鱼雷的品种已经很多，威力也更加显示出来了。据统计，在第一次世界大战期间，被击沉的运输船总吨位的89％是被鱼雷击中的；击沉军舰162艘，占被击沉军舰总数49％。可见，鱼雷在海战中的作用是何等之大。第二次世界大战期间，同样也显示出鱼雷的威力，在这期间击沉运输船1445万吨，占被击沉运输船总吨位的68％；击沉舰艇369艘，占整个作战期间被击沉军舰的总数39％左右。从这两个统计数字来看，说明鱼雷是海战中一种很有效的武器，一直到现在为止，鱼雷仍然是海战中的重要武器，经过不断发展，鱼雷无论在性能方面、威力方面都有很大提高。

下面介绍几种有特点的鱼雷。

长耳朵的鱼雷。学名叫做自导鱼雷，即自己导航的鱼雷。大家都知道，海水的密度要比空气大，因此在海水里无线电波传播就要受到一定影响，不像在空气中无线电波能传播得很远。但是海水也有一个特点，声音在水中传播速度要比在空气里传波速度快，大约快4倍多。设计师利用声音在水中传播快的特点，设计了利用声音来导航的装置。以前的鱼雷没有制导装置，就像炮弹一样，必须瞄准，鱼雷发射出去以后，走直线攻击目标。如果舰船比较早地发现远处有鱼雷来袭，立即转舵，有可能躲避开鱼雷的攻击，鱼雷的命中率受到了限制。鱼雷加上声音制导装置，就好像长了耳朵一样。无论潜艇或是舰船在航行时，机器开动，螺旋桨在水下高速旋转，舰船与水的摩擦都会发出很大的噪音，鱼雷根据声音搜索前进，追踪目标，这样一来鱼雷就不是走直线了，命中率大大地提高。另外，由于计算机技术的发展，现代鱼雷也装上了电脑，具备了一定的判断能力，一旦鱼雷失去目标或者潜艇上发出了假目标，鱼雷可以识别并重新追踪，反复寻找。利用声音制导是目前比较有效的方法。如果舰艇或潜艇关机，不出声音怎么办？有一种鱼雷叫主动声自导鱼雷，它本身可以发射声音信号，根据被目标反射回来的回波信号引导，搜索目标。当然，这种鱼雷隐蔽性差，自己目标暴露了，反而容易成为对方攻击的对象。

　　长尾巴的鱼雷。学名叫线导鱼雷，这种鱼雷是德国人发明的，后来别的国家也都学习他们的设计。线导鱼雷拖着一根特制的拉力强、抗腐蚀的导线，导线很细，直径小于 1.2 毫米。导线很长，最长可以达到 46 千米。这种有线制导的鱼雷保密性好，不会被干扰和欺骗。因为它的控制都是通过导线传递的，不是单纯靠听声音来导航。通过电线传递信号，控制鱼雷航向、航速、航深，姿态，鱼雷将侦察到的情

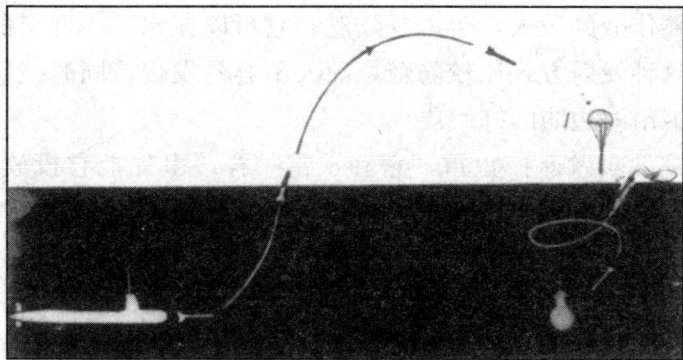

火箭助推鱼雷

况报告控制台，经过分析处理，控制系统遥控鱼雷接近目标，鱼雷打开自导装置精确瞄准，攻击目标。万一导线由于各种缘故断了，这时鱼雷还能够自动变成靠声音自导搜索目标，实现攻击。这种鱼雷隐秘性比较好，不容易被敌人发现，而且命中率比自导鱼雷提高30％。现在改为用光纤来替代导线，更加先进了。

会飞的鱼雷。学名叫火箭助飞鱼雷，这种鱼雷也可以叫做反潜导弹。为什么要发展会飞的鱼雷？主要原因是现在的核潜艇在水下航行速度很快，用鱼雷来攻击核潜艇，往往追不上，在这种情况下发明了火箭助飞鱼雷。它可以在军舰上发射，也可以在飞机或潜艇发射。如果在水面发射，它靠火箭力量帮助鱼雷飞行，飞行的速度很快，飞行的航程很远，最远的航程可以达到160千米。当接近目标时，鱼雷钻入水中，进入水中时利用自导装置攻击目标。如果从水下潜艇发射，鱼雷先飞出水面，飞出水面后利用火箭帮助，超音速飞行，当接近目标后，它又钻到水里利用声音制导，寻找目标，进行攻击。这样一来就有可能攻击运动速度非常快的核潜艇。

除以上说的三种主要鱼雷品种以外，还有很多有趣的鱼雷品种。比如，有一种鱼雷坦克，是由瑞典海军发明的。鱼雷坦克是保卫海防的鱼雷，它是利用可以在水下自动行驶的履带式无人驾驶越野车，把鱼雷装在车上，由陆地上控制，送到准备发射的地方，这种鱼雷主要是对付登陆作战的敌人，袭击登陆艇。它可以在水下100米的深度行动。因为这种发射方式比较隐蔽，敌人不容易发现，同时造价也比较低，是保卫沿海边防的好武器。

还有一种叫做遥控鱼雷，它和水雷一样，事先把它投放在海底。一旦需要时由飞机或舰艇发出一个信号，它就浮到水面上，按照遥控的指令攻击敌人的舰艇或潜艇。这种海底遥控鱼雷在海里可以呆上两年时间不会失效。

意大利曾研究成功了一种由人来操纵的鱼雷，这是一种专供特种部队使用的小型鱼雷。长度6.7米，活动半径能够达到10海里，潜水深度是 30 米。这种鱼雷由两名乘员操纵，攻击的办法是把雷头挂在敌人的船上，然后，他们操纵雷身和雷尾部分回到母艇上，雷头爆炸，破坏敌人的舰只。这种鱼雷是早期使用的。二战时期，日本曾使用自杀鱼雷，人与鱼雷同归于尽，但这样做并没有挽救日本军国主义失败的命运。

　　鱼雷是水中的武器，这是众所周知的，但出现过一件鱼雷上岸的有趣故事。这件事情发生在第二次世界大战期间，苏军准备向德国一个阵地登陆。但是阵地上有炮兵驻守，用苏联的舰炮打不到，因为它是藏在防坡堤的后面；用飞机轰炸，敌人的防空能力很强，也很难把炮兵阵地消灭掉。正当大家一筹莫展时，有一位舰长说，可以用鱼雷攻打迫击炮阵地，大家都不理解，因为鱼雷只有在水中才能进攻。他说，有一次演习时，曾经发现一枚鱼雷从海底发射后，一下子冲到海滩上，并且在海滩上往前滑行 20 多米远，这说明鱼雷有可能登陆作战。大家觉得这个办法可以考虑，经过研究试验，果然效果不错。在登陆时，用鱼雷艇向岸上发射十几枚鱼雷，越过防坡堤以后爆炸，一下子把隐藏在防坡堤后面的迫击炮阵地消灭掉，苏军发起了登陆作战，取得成功，占领了港口。后来德国俘虏兵感到很奇怪，问苏军使用了什么新式武器，能在水中发射，上岸以后还会翻腾。苏联兵士告诉他们说，用鱼雷打了你们的迫击炮，德军始终感到莫名其妙。

地雷上天

——特种地雷

提起地雷，一般人都把它和游击战联系在一起，似乎地雷只是民兵或是游击队员才使用的武器。其实并不是这样，在近代和现代作战中地雷都曾发挥过重要作用。1933 年，苏区赤卫队运用地雷，一年之内共炸死炸伤敌军 7000 多人。在抗日战争期间，华北敌后广大抗日军民积极运用地雷同日伪作斗争，创造了多种地雷战法，给日伪军以巨大杀伤。第二次世界大战期间，苏联军民为了抗击德国法西斯，总共布设了 2.2 亿枚地雷，使得入侵的德军损失 10 万多兵员和大约 1 万辆坦克。1970 年美国在越南战争期间，被地雷炸毁的坦克和车辆占车辆毁伤总数的 70%，由于地雷而损失的兵员数占军队伤亡总数的 33%，可见，地雷在战争中起的作用是非常大的。

地雷也是一种很古老的兵器，中国明代，已经出现了由目标直接触碰而自动爆炸的地雷。有一种抛石地雷，把炸药埋在地下，上面铺上很多碎石，当有人经过时触动机关，点燃炸药，飞石坠落，把人砸死或砸伤。1916 年，在第一次世界大战期间出现了坦克以后，德国人就研制了防坦克地雷。战后，许多国家都重视地雷的研究，第二次世界大战期间，地雷已有上百种，数量和质量都有提高，而且开创了用飞机撒布地雷的历史。

地雷可以分成三类：防步兵地雷、防坦克地雷，还有一种特种地雷。防步兵地雷主要是通过爆炸以后产生的碎片杀伤人员。防坦克地雷主要是要破坏坦克的履带和底部的装甲。由于科学技术的发展及作战形式的变化，发展了许多特种地雷。如信号雷、照明雷、燃烧雷、化学雷、核地雷、防空雷。

不管是古代还是现代，地雷的特点是：为了隐蔽，都是把它埋在地下，使敌人不易发现，当人员、装甲车或坦克车经过时，引起地雷爆炸。为了快速布雷，阻止敌人进攻，有时把地雷撒布在地面。地雷引爆的形式也有两种：一种是直接接触后爆炸，另一种是非接触性爆炸，利用声音或其他振动引起爆炸，还有一种是由人操纵爆炸的。现代的地雷已经不愿意老老实实呆在地下或地面，要上天了，这可是一个新发展。地雷上天有两个含义：有一种智能地雷，在隐蔽地方设置好后，它会机敏地监视周围，一旦目标进入警戒圈，便自动腾空飞起，像老鹰一样，在空中盘旋，俯视大地，发现坦克穷追不舍，直至消灭目标；另外一种地雷，可以攻击直升机，甚至攻击卫星。地雷按其功能，本是破坏地面目标的，现在它也要管天上目标，有点多管"闲事"的味道。武器的发展可不论那一套，用途越多越好。

地雷发展初期是为了对付步兵和运输车辆的，坦克出现了以后，又为了对付坦克和装甲车，于是地雷的家族出现了许多新成员。尽管

反坦克地雷

地雷威力很大，但是它有一个弱点。地雷都是一种防御性的兵器，固定放在敌人可能经过的地点，不管是地下或是地面，等着敌人上钩，因此，多少有些被动。在一条路上，许多坦克过来了，第一辆坦克被地雷炸了以后，阻止了后面的坦克继续前进，但是坦克不可能全部被炸毁。后来又发明了一种反侧甲雷，这种地雷是挂在路旁树枝或搁在支架上，离地面有一定的高度，当坦克经过时，由于声音的震动或由于磁性的影响引爆地雷，可以破坏坦克侧面的装甲。一般坦克前面的装甲比较厚，侧面的装甲相对薄一点，这种地雷专门找薄弱环节。

同样是为了对付坦克，又发明了一种自动寻的地雷，也叫智能地雷，这种地雷能飞上天。当坦克接近地雷时，大约在 50 米以内，地雷听到声音，立即从地面自动旋转上升，飞到天上，利用红外传感器寻找目标，它可以自上而下攻击坦克，因为坦克的顶部装甲比较脆弱，容易被击穿。这种地雷从探测、瞄准到击毁目标的全过程都是靠计算机控制，可以感应和区别不同的坦克、战车的声音，而且能区分敌我。这种地雷很聪明，主动性比较强，所以把它叫做智能地雷。反坦克地雷也有了迅速的发展，除了战前布设雷场外，还采用火箭、火炮和飞机临时大规模地远距离布雷。常常使坦克措手不及，防不胜防。即使排除了一些地雷，也贻误了战机。有些地雷带有自炸机构，在一定时间内若碰不上目标，能自行销毁，不影响自己的部队通过。

20世纪70年代以来，直升飞机在战争中的使用越来越多，显示出很强的作战能力。它飞得低，飞得快，雷达很难发现，超低空飞行时，还真没有合适的武器对付它。兵器设计师们赶紧动脑筋，想办法。有了！能不能用地雷打直升机。这个想法听起来让人感觉似乎有点胡思乱想。后来，果然发明了反直升机雷，也是地雷的一个变种。反直升机地雷有两种：一种是空飘式，一种是地空式。把空飘式反直升机地雷放在直升机可能进攻的路线上，当直升机在 1000 米范围内出现时，音响传感器对目标进行选择，一旦判断是敌机，立即给红外引信发出预报，当敌机进入毁伤范围时，引爆雷体，阻炸飞行高度在 15～100 米左右，飞行速度不是特别快的直升机。地空式反直升机地雷多了一个发射器。当捕捉到目标时，发射雷体的战斗部至直升机附近，地雷上天炸毁敌机。反直升机雷耳朵特别灵，不但能听声音而且能分辨出敌人机器的声音。这需要事先把敌人各种直升机的声音输入到地雷的装置里去，它才能判断敌我，不致误伤自己的直升飞机。美国又发明了一种飞得更高的反直升机地雷，这种地雷本身有一个火箭装置，当它探测到直升机以后，首先开动了火箭，把炸药抛向目标。它的攻击高度可以达到 100～200 米，防御半径 400 米，探测距离一般在 1000 米以内。

利用地雷攻击直升飞机成功了，能不能把地雷放在更高一点的空中，设计师总不会满足。有人做过试验，在保卫机场或重要目标时，可以使用空飘雷。实际上是用气球把地雷携带在空中，利用一条绳索把气球固定在地面上，这样就可以有效的组成高空地雷网，保护地面的目标。如果飞机到达地雷附近，地雷就引爆，另外绳索本身也对飞机的飞行有障碍的作用。此时，地雷又成了对付飞机的武器。

现在是空间时代，卫星武器在不断地发展。虽然地雷已经上天了，但是还有发展的余地。让它在空间反卫星武器方面也发挥一点作用。现在又发明了一种叫天雷，也叫空间雷。地雷不仅仅要上天，而且要到宇宙空间来凑热闹。所谓天雷，实际上也是一种小型卫星，利用火

跳雷

箭把天雷发射上天，秘密布设到与目标基本相同的轨道上，利用天雷上的跟踪装置发现目标以后，它可以开动小型火箭改变运动轨道，接近并且摧毁目标。在空间破坏卫星不一定要采取爆破办法，因为爆破后产生的碎片叫做空间垃圾，这些碎片仍然以很高的速度在轨道上运行，很可能损坏自己的卫星。因此，天雷所带的武器是释放一些小的金属颗粒或小的碎片，也可能是一些干扰物，喷射到卫星的传感器上使卫星的仪器失效，通信失灵，达到破坏卫星的目的。

排险尖兵

——排雷机器人

　　排险就是排除危险，军事上多指排除爆炸物。利用机器人排险，可以保护人员的安全。

　　地雷虽然是一种古老的武器，但是在现代战争中仍然起到很大的作用。现代的地雷已经从一种防御性的障碍器材发展成为进攻性的武器。为了快速布雷，采用很多新的方法。过去靠人工挖坑，把地雷埋在地下。后来发明了机械布雷车，在车辆可以通行的地区，用机器挖坑埋雷，速度大大加快。自从发明了火箭布雷，利用火箭弹把地雷打出去，撒布开来，在地形复杂，车辆不能通行的地区同样也可以快速布雷。现在，火箭布雷发展很快，各个国家都在研究火箭布雷车，火箭布雷速度更快，布设的距离也更远。英国有一种火箭布雷车，用坦克底盘改装，装了 6 个火箭发射管，每个火箭发射管可以装 80 个地雷，最大的射程达 70 千米。一次齐射 15 秒钟就能撒布 480 个反坦克地雷。地雷发射出去以后，配戴小降落伞，地雷落地后不会摔坏。

　　除去火箭布雷以外，普通的火炮也可以布雷。现在有一些国家研究了一种炮弹。炮弹里面装了很多小地雷，用普通的火炮发射带地雷的炮弹，这种办法很方便，不需要增加新的布雷装备，现在部队里都配备了这类炮弹。另外一种办法是飞机布雷，第二次大战期间德国首先采用飞机投放防步兵地雷。在越南战场上，美国也利用飞机布雷，曾经有一次用飞机撒下 7000 多个地雷，在一个很大的范围内布设了地雷场，阻止坦克或步兵的前进。

世界上曾经发生了很多次战争，使用地雷的数量是相当大的。历次战争结束以后，还有很多地雷没有爆炸，留下了祸害，这是战争给人类带来的致命的遗产。在战争以后经常出现地雷爆炸，伤害老百姓的事情。根据专家统计，近几十年来，局部战争遗留下来的没有爆炸的地雷，分布在全世界至少 62 个国家和地区，总的数量大约在 1.5 亿颗左右。这些没有爆炸的地雷随时给人类带来死亡。海湾战争期间，伊拉克部署了 500～1000 万枚各种类型的地雷。伊科边境，多国部队留下了 25 万枚地雷、85 万发炮弹，时刻等待着死亡者的到来。此外，像阿富汗、柬埔寨、索马里、安哥拉、莫桑比克都有数百万枚地雷，留在过去的战场上。

地雷这种武器由于成本低，制造也比较简单，所以各个国家都在大量生产、使用。世界上也有一些和平主义者呼吁，今后作战中不要再使用地雷了，尤其是现代地雷，撒布面积大，战争以后造成危害也大，害人不浅。禁雷是件好事，但问题比较复杂，国际上有不同观点。有人说，地雷是穷国的武器，因为发达国家的武器很先进，而穷国没有这么多的经费购买尖端武器，但是购买或制造地雷还是做得到的。如果世界上不允许使用地雷，对一些穷国特别不太公平，穷国的国家安全就更没有保障了。富国对禁用地雷也并不积极，地雷毕竟是一种经济而有效的武器。至今世界上对这个问题还没有统一认识。在这种情况下，怎样扫除地雷，成为当务之急。扫雷是伴随布雷同时发展起来的，这方面也采用了很多手段，但是扫雷毕竟要比布雷困难得多。

扫除地雷的方法有很多，早期的办法是用人工探测并排除地雷。当地雷数量不多时，采取人工排除地雷还能收到一定的效果。自采用机械化的方式布雷后，雷场的范围很广，如果用人工扫雷不论从时间和经济上都不划算。后来，发明了排雷工具，有一种扫雷坦克，本身就有很厚的装甲，扫雷坦克装上扫雷器，像大的车轮一样，是用很厚的钢板制作的，用它压地面，如果地下或地面有地雷的话，可以引爆。还有一种是链条式的扫雷器，装在坦克上，坦克前进时铁链不断地在那里甩动，可以把地雷引爆。不管是利用滚轮或是铁链都能够扫除一部分地雷，但有时地雷也会把扫雷工具破坏，需要经常修理。后来德国发明了一种遥控式的扫雷坦克。这种坦克很小，类似儿童玩具遥控车，长约 1 米多，高度 60 厘米左右。在这种小型遥控车里面放着烈性的炸药，操纵手用无线电操纵坦克驶向敌人阵地，然后用炸药把地雷炸毁，这样人员也就比较安全。后来又发明了一种大型的遥控式的排雷坦克，先由人驾驶，到达雷区之前，人员下车，隐蔽起来，用无线电遥控操纵坦克继续前进，扔出炸药包把地雷扫除掉。遥控车可以前进 2 千米，遥控车就是一种机器人。

人工排雷

1990 年的一天，美国进行一种秘密武器试验，请来许多高级将领参观。试验场里有一片地形复杂的防御阵地，周围布满地雷场和障碍物。指挥官下达命令，开始！只见一辆外形奇特的坦克开向雷区，当到达雷区约 200 米时，坦克停下，车上的箱盖打开。突然"轰"的一声巨响，发射了一枚火箭弹。这枚火箭弹拖着一个 30 米长的尾巴，尾巴跟着火箭弹一起落到地面上。紧接着一声巨大的爆炸声，火箭弹和尾巴都炸得粉碎，由于本身的爆炸引起了地雷的爆炸。转眼间打开一条通道，这条通道足有 100 米长，6 米宽。原来火箭弹的长尾巴里装的是炸药。接着坦克继续在刚开辟的通道上缓缓前进，利用车前方的两组滚轮，清除残余的地雷。随后，车上的另一个箱子打开，仍出一根根短棒，这些棒上涂有发光材料，在夜间"光棒"就是路标，指出通道，使后续坦克部队安全通过。成功的试验引起参观者极大兴趣，纷纷登上扫雷车看个究竟，结果人们惊讶地发现车上竟然没有一个驾驶员。啊！原来是一个机器人扫雷车。扫雷车装有摄像机和高速计算机，操作人员远在 10 千米以外控制。这种机器人是用退役的旧坦克改装的，费用上十分划算。

利用爆炸的办法扫雷，效率很高，并且危险性也小。后来有的国家又在炸药方面作文章，有一种排雷机器人，实际上是一辆小型的遥控无人驾驶车，它到雷区以后，首先在雷区铺上一个很长的塑料袋，然后往塑料袋里灌上一些特殊液体。这时机器人撤离雷区，向装满特殊液体的塑料袋射击一发子弹，使塑料袋爆炸。这时整个地区的地雷

扫雷坦克

都被引爆了。塑料袋里装的是什么东西？原来那里装的是燃料空气炸药，是一种碳氢化合物。燃料空气炸药是一种可燃的液体，它在空气中形成了一些很分散的雾状的小颗粒物，一团云雾经过点火以后，就可以爆炸，同时产生摄氏 2500 度的高温，整个高温的火球产生很大的冲击波，把雷区的地雷全都引爆了，达到了扫雷的目的。这种液体炸药需要经过两次引爆，第一次引起云雾，第二次再引起爆炸。携带这种液体炸药的扫雷机器人，一次可以开辟出一条长 300 米，宽 20 米左右的通道，利用这种办法扫雷效率很高。扫雷机器人品种很多，它们代替人员进行危险的工作，还真有点勇往直前的大无畏精神呢。

军中利器

——火箭与导弹

在我国西南部的火箭发射场上，耸入云天的发射架环抱着一个巨大的银白色火箭，屹立在大地上。当做好一切准备之后，操作人员倒计时，"5、4、3、2、1，点火"，随着点火的命令，巨大的火箭拔地而起，冉冉上升。过了一段时间以后，传来了卫星准确入轨的喜讯，我国又一颗人造地球卫星发射成功。同样一个巨大的火箭，当发出了点火命令以后，火箭拔地而起，刺入天空，变成一个很小的光点渐渐远去，很快就消失在茫茫的天空。经过大约半小时以后，火箭准确地落入预定海域，发射成功。这时外国的新闻界评论说，中国进行了发射洲际导弹的试验。火箭发射卫星，火箭又变成了导弹，火箭与导弹到底是不是一回事呢？这个问题确实很容易弄混，从外形上看火箭和导弹没有太大的区别，但是它们的作用是完全不一样的。

火箭依靠火箭发动机上天，利用火箭发动机向后喷射工作，产生一种反作用力推动火箭前进。从这意义上说，火箭是一种飞行器。它自己携带着燃烧剂与氧化剂，不需要空气中的氧气帮助燃烧，所以它可以在大气中，又可以在没有大气外层空间中运行。现在的火箭可以作为快速的远距离运输工具，比如，发射人造卫星、载人宇宙飞船及空间站等，它们都是靠运载火箭的推力进入宇宙空间的。如果用火箭投送的不是卫星而是弹头，这时火箭就变成了火箭武器，不再是运载工具了。因为它可以把弹头送到敌人的阵地，弹头爆炸，就会造成物毁人亡。可以控制的火箭武器叫做导弹，不可控制的火箭武器叫做火箭弹，供火箭炮使用。可以这样说："导弹是火箭，但火箭不一定是导弹"。导弹是火箭的一个大的分支，它同样靠火箭的发动机推动，把弹头带到目的地，所以有的时候可以把导弹叫做火箭，但是把火箭一律称作导弹那就不对了。

火箭起源于中国，中国古代发明了火药以后，就把火药用在军事上。宋代出现了军用火箭，到了明代初年，军用火箭已相当完善并广泛应用于战场，被称为"军中利器"。有一种叫做"火龙出水"的武器，是一个5尺长的竹筒装上木制龙头、龙尾，腹内藏若干火箭。龙体外边吊装4支火箭，腹内火箭导火索与外部火箭相连。外部火箭点燃后，火龙在水面飞行约1600米远。当火药耗尽时，龙体内的火箭点燃，火箭继续前飞，火烧敌方人员、船只。这种神奇的武器已是现代二级火箭的雏形。

1903年俄国的科学家齐奥尔科夫斯基首先提出了制造大型的液体火箭的设想和设计原理。1926年，美国的火箭专家戈达德制造火箭，并且进行了试飞，这是世界上第一枚无控制液体火箭。1944年，德国制造了有控制的用液体火箭推动的V－2导弹，并首次用于战争。从此以后，很多国家都在研究发展各种火箭武器。中国在1970年，用"长征一号"三级火箭成功地发射了第一颗人造地球卫星。1980年，向南太平洋海域成功地发射了新型火箭。以后又陆续发射了可回收卫星、科学实验卫星、通信卫星、气象卫星。此外还为别的国家发射应用卫星。这些都表明火箭发源地的中国，在现代火箭技术方面已跨入世界先进行列。

火箭为什么能够把人造卫星、宇宙飞船送入太空，因为它有力量很大的推进系统——火箭发动机。广泛使用的化学火箭发动机，它是靠化学推进剂在燃烧室内进行化学反应释放出的能量转化为推力的。化学推进剂有液体和固体两种。液体推进剂推力大，容易控制，但机

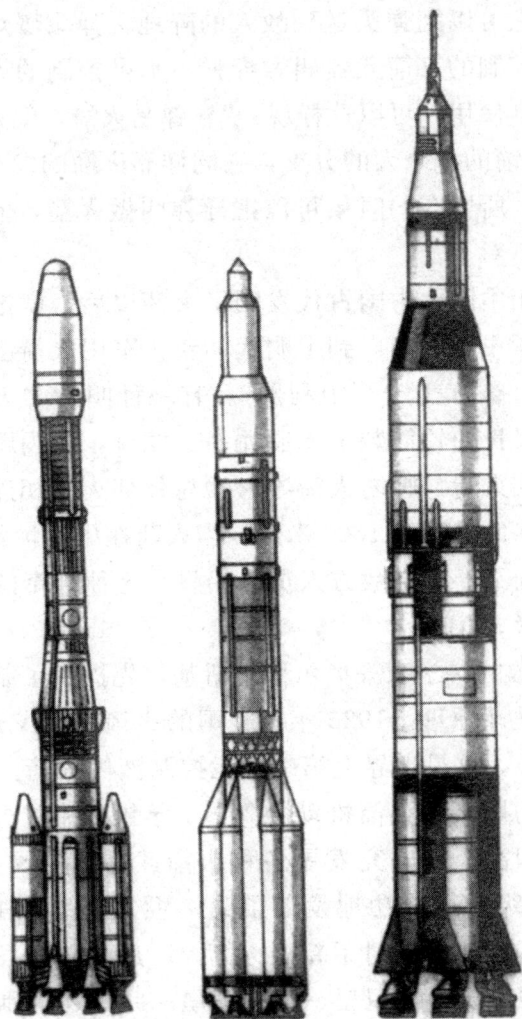

三种火箭

器复杂，不便贮存和运输。固体推进剂便于贮存，机器结构简单，但易受潮，推力调节困难，推力较小。苏联的战略弹道导弹大都用液体推进剂；美国的战略弹道导弹全部改用固体推进剂。除去化学火箭以外，还有电火箭，用电火箭发动机推进的火箭，推力小，但能长时间工作，适合在外层空间使用。核火箭，用核火箭发动机推进的火箭，推力大，需要解决防护问题，现正处于试验阶段。为了实现人类飞出太阳系访问其他星球的愿望，只有当实用的光子发动机研制出来，有了光子火箭后才能变成现实。

导弹是依靠自身推进，并且能够控制飞行弹道，将弹头导向目标并毁伤目标的武器。导弹的特点就是控制自己的飞行，也就是说它能够制导。制导的方式有多种。自主式制导，不需要导弹以外的设备来配合，如惯性制导，大多数地地导弹都用这种制导方式；寻的制导，导弹可以感受目标的辐射信号，自动控制导弹飞向目标，如运用激光、红外、无线电等寻找目标，这种方式精度高，制导距离较近。遥控制导，必须在导弹以外有个控制站，控制站向它发出信号，它根据信号寻找目标。复合制导，在导弹飞行的不同阶段，同时或先后采用不同制导方式，大多数反舰导弹采用复合制导。巡航导弹也是采用复合制导。这四种制导方式各有利弊，根据需要，应用在不同的导弹上。

自从第二次世界大战首先使用导弹以来，经过70年左右的发展，导弹在军事、政治和经济方面产生了巨大的作用和深远的影响。首先，导弹已经成为影响世界政治格局，左右战场的态势，决定战争胜负的重要因素之一。其次，它是一个国家国防现代化程度与国防实力的重要标志。由于导弹技术是现代高科技，它的发展既依赖科技发展，反过来又推动了科技发展，因此导弹的发展已经成为一个国家综合国力和科技水平的重要标志。

萨姆2导弹

　　另外，由于导弹技术的发展，促进了航天技术的发展。1957 年，苏联发射第一颗人造卫星以来，世界上已经有8个国家能够独立发射卫星。目前，世界各国已经研制成功了 150 多种运载火箭，共进行了 3000 次以上航天发射活动。由于运载火箭的发展，为人类利用开发太空资源提供了技术保障，给世界各国带来了巨大政治、社会与经济效益。所以，当今世界航天高技术的发展已经成为各个技术先进的大国竞争的重要领域。然而，各国航天技术的发展几乎都与液体弹道导弹技术的发展密切相关。前苏联发射世界上第一颗人造地球卫星的运载火箭，是用液体洲际弹道导弹改装而成的。美国发射第一颗人造地球卫星的运载火箭，也是用弹道导弹改制的。同样，中国的"长征"系列运载火箭也是在液体弹道导弹的基础上发展起来的。火箭和导弹真是密不可分呀！

会用地图的导弹

——巡航导弹

1991年1月17日凌晨，海湾战争的第一天。美国的巡洋舰上发射了52枚"战斧"巡航导弹，击中了伊拉克首都巴格达和其他一些城市的重要军事目标。这52颗战斧巡航导弹除有一颗因为故障没有发射出去，其余51枚完全击中了目标，误差不大于9米，命中率达到98％。此后，在海湾战争中又大量使用巡航导弹，它的准确性好，军方感到非常满意。从此以后，巡航导弹名声大振，特别是在海湾战争以后，很多国家纷纷购买这种导弹用来装备自己的军队。

巡航导弹是一种飞航式导弹。导弹在空中飞行，按它飞行的弹道可以分成两大类：一类叫弹道导弹，一类叫飞航式导弹。飞航式导弹有翅膀，弹道导弹没有翅膀。弹道导弹在大气层内垂直起飞，当它冲出大气层后向目标水平飞行，快接近目标时，再入大气层，攻击目标。弹道导弹自己携带燃料和氧化剂，因为它大部时间脱离了大气层飞行，因此不需要弹翼。由于在大气层以外飞行，没有空气的阻力，所以它飞行速度很快，飞行的距离也很远，射程可以达到8000～13000千米。如果装上核弹头就成了洲际核导弹。

飞航式导弹是在稠密的大气中飞行，因此它有弹翼和尾翼。巡航导弹是飞航式导弹的一种，实际上就是一架无人驾驶的小飞机。巡航导弹虽然类似小飞机，但是它的发射不像飞机那样在跑道上起飞。它本身有两个发动机，一个喷气发动机，是它的主发动机，另外还有一个火箭助推器。点燃助推火箭把它发射出去，助推火箭工作 6～7 秒种后，完成任务自动脱落，然后靠喷气发动机飞行并攻击目标。由于它的重量轻，可以在飞机上发射也可以在军舰上发射，还可以在陆地及潜艇里发射。舰艇上最多能带 100 颗，一般的飞机能带 10～20 颗，大型的飞机可以装 80～90 颗。潜艇可以携带 10 颗巡航导弹。巡航导弹机动灵活，射程达 1300～2500 千米。它可以超低空飞行，飞行高度，在平坦陆地为 50 米以下，山区或丘陵地为 100 米以下，在海面飞行为 7～15 米。由于飞行很低，雷达很难发现，所以它攻击目标的突然性很强。由于它的体积比较小，在雷达上的信号仅仅相当于一只海鸥大小，隐蔽性很好。由于制导系统先进，命中率很高，最好的命中精度可以达到 10 米左右。在海湾战争时，我们曾看过这样的镜头，后一枚巡航导弹准确地穿入前一枚导弹炸开的缺口内爆炸。

巡航导弹命中率极高，它到底采用哪些绝招呢？关键在于它有三种制导方式综合使用。以美国"战斧"巡航导弹为例，导弹长 6.5 米，直径 50 厘米，飞行速度每小时 800 千米。它在飞行过程中采用惯性导航，惯性导航的含义是，事先给导弹计算机里输入导弹飞行的路线，飞行过程中根据它自己带的仪器不断测定位置，与已安排好的路线比较，如果发现偏离了预定路线，自己可以纠正偏差，使得它符合事先设置的路线。但是惯性制导也有缺陷，由于仪器也有误差，当飞的时间比较久，距离很长时，误差就会积累，越来越大。"战斧"巡航导弹在飞行 3 个小时后，可能出现 5 千米的偏差，这么大的偏差是不可能

巡航导弹

精确地命中目标的。可见，惯性导航只能给导弹一个大的方向。精确的导航还要靠第二种导航方式，叫做地形匹配制导，这种制导方式就是我们说的巡航导弹能够使用地图了。在巡航导弹发射以前，先给它装上一张地图。当然这种地图和我们平常用的地图不一样，不是线划地图，而是一种数字化地图，巡航导弹飞行一段距离后，对照地图，根据地图随时纠正自己的偏差。这样就很容易找到攻击目标。

数字地图是什么样子的？从哪里来？我们平常用的地图上面有很多符号、数字和注记，用不同颜色表示行政区划，那叫地理图。作为导弹导航用还不行，导航必须用地形图，也就是有等高线的，能表示地形高低起伏的地图。但这种地图，巡航导弹仍无法识别，需要把它改造一番。首先，把整个地图划分成很多小方块，把每一个小方块内地形的平均高度用数字表示出来，一幅图上全变成了许多数字，输入到导弹的电脑里。导弹都是打别的国家的军事目标，别国地图那里来？买一本世界地图行不行？不行，公开出版的普通世界地图很概略，不够详尽。详细而精确的目标地区的地形图只能重新测量。公开地跑到别国测地图，那是侵犯国家主权，谁也不会允许。怎么去干这件事呢？只好靠侦察卫星了。卫星用摄影机拍照，再经过复杂的计算和处理，可以制出普通地形图，再经数字化变成导弹导航图。这种数字地图一般人反而看不懂。

巡航导弹靠惯性导航，有了航行的大方向。走了一段距离要对照地图，导弹里有个测高仪，在飞行过程中，这个测高仪不断测高度，它一边测一边和地图比较，如果它测的数字和地图上的数字相同，就说明它的位置是准确的，如果测出来的数字和地图上表示的数字不一样，说明它的位置错了，赶紧纠正。这样就可以不断纠正巡航导弹飞行的偏差。在整个航程中经过3～4次纠正，就能够很准确地飞到目标。这就叫地形匹配制导。接近目标以后，还要使用另一种制导方式，叫数字景像匹配制导，在攻击目标以前要拍出目标的照片，把照片数字化以后存在导弹的电脑里，当导弹接近目标区时，用摄像机也拍一

数字地图

等高线地图

实际地形

数学地图

张目标照片，和事先给它输入的照片相比较，如果完全相同，就说明
目标找对了，它就很快冲向目标，把目标炸毁。如果它拍的照片和事
先输入的照片不一样，还得另外寻找，一直找准目标，它才进行攻击。
经过这三种导航方式，巡航导弹命中的准确率就大大地提高了。敌方

目标的原始照片由谁来拍摄。还是要靠侦察卫星。可见，使用巡航导弹，事前要作大量细致的准备工作，不是随时想用就能用的。

巡航导弹发展历史也很悠久，早在二战期间德国首先研制的 V－1 型导弹，当时的射程仅仅是 240 千米，从德国发射到英国。但是它命中误差达到近 5000 米，准确度很差。由于它飞的速度比较低，经常被飞机击落，所以没能起到很大的作用。二战以后各个国家进行了研究和改进，使得巡航导弹发展到今天这个样子。成为一种威力很大、灵活性很强，飞行距离很远的现代化导弹武器。尽管巡航导弹有很多优点，但是还有许多地方有待改进。目前它的飞行速度比较慢，很容易被战斗机或防空武器击落。在伊拉克曾经出现过利用步兵的轻武器击落巡航导弹的先例。另外，巡航导弹靠数字地图导航，当在比较平坦的地面或是海面上使用时，就会受到限制，因为平坦地方的地形特征不明显，数字地图上都是同样的数码，因此它就很难判断自己是否偏离了原来的路线。在这种地形条件下使用，巡航导弹的威力就很难发挥。20世纪80年代末由于导航卫星全球定位系统投入使用，巡航导弹开始装上定位接受机，用卫星来修正飞行弹道，命中误差会进一步减小。巡航导弹被认为是一种适合在"零死亡率"战争中使用的最理想的武器。顺便说一句，"零死亡率"战争，就是指己方战斗人员没有阵亡的战争。

火眼金睛
——夜视技术

　　自古以来，为了争夺战场上的主动权，给敌人以突然的打击或成功地抵御敌人的进攻，军事家们都力图利用茫茫黑夜作掩护，实行机动，占据有利地形，巩固阵地以及完成战斗任务。夜战成为经常采用的一种作战方式。在现代战争中，由于新的技术在军事部门得到广泛的应用，战争将不分昼夜的进行，夜战就具有更加重要的意义。

　　在海湾战争中，美军就倚仗它们装备有夜视器材，作战行动大都是在夜间进行的。在夜间作战受到一定的限制，一方面夜间士兵容易疲劳，精神和心理上的负担及体力的负担都要大大加重。由于夜间的光线关系，射击的准确度下降，作战能力明显降低。

　　过去在夜间作战，利用探照灯或发射照明弹。用炮发射或用飞机投掷照明弹，降落伞吊着照明弹慢慢下降，这种照明弹在空中好像是高悬着的一盏照明灯，可以照亮很大范围。照明弹的持续时间可以达到 2 分钟，照明半径为 300 米，发光强度相当于 100 万烛光。但是，照明弹在夜间使用，能够为己方服务，同时也被敌方利用，这是它的不利方面。如果使用不当，反而会暴露自己的目标。另外照明弹熄灭以后，士兵的眼睛要经过一段时间的适应，才能恢复夜间观察能力，因此，利用照明弹照明的办法存在一定的缺陷。

　　第二次世界大战时，德国人发明了一种主动红外夜视仪，先用一种发出红外光的探照灯把目标照亮，就好像我们夜间走路用手电筒一样。红外探照灯发出红外线，肉眼是看不见的，它照射到物体以后，物体就反射红外光，通过夜视仪可以把红外光变成肉眼能看得见的图像，在荧光屏上显示出来。这样士兵就可以观察到目标，进行射击。因为夜视仪必须要配合发射红外光，照亮目标，因此叫做主动红外夜视仪。主动红外夜视仪可以看清楚 800～1000 米远的人员和 2000～2200 米远的车辆。这种红外夜视仪成本比较低，可以大批装备部队使用。但是这种主动红外夜视仪也有一个缺陷，它在照亮目标时必须发出红外光。如果敌人也有红外探测器，就能够发现红外光，因此容易暴露自己。

红外线早在 1800 年就被发现了，当时是一位英国天文学家在研究太阳光谱时，发现把温度计放在光谱红光区以外时，仍然有温度，说明存在一种看不见的光线，取名为红外线。直到 140 年后，红外线才在战争中获得应用。德国研究成功主动红外夜视，在豹式坦克上安装红外探照灯和红外瞄准具，的确在夜战中占了上风。但是，一两件先进装备挽救不了希特勒覆灭的命运。二战结束后，德国的红外夜视仪被苏军缴获，而红外夜视仪的研究资料被美军抢到手。红外夜视仪在 20 世纪 50 年代的朝鲜战争，60 年代的越南战争，70 年代的中东战争都曾大量使用。

后来，主动红外夜视仪逐渐被新的夜视器材所取代，新的夜视器材叫做微光夜视仪。人的眼睛能够感觉到可见光，必须在照度足够大的情况下才成。按照物理学上标准，照度必须达到 100 勒克斯以上，人的眼睛才能看清各种物体。但是夜间照度非常小，即使在有月亮或满天星斗的情况下，也只有 0.2 勒克斯。人的眼睛在很微弱的光线的情况下虽然也能在一定距离上区别物体的轮廓，但视程很短。夜间月光、星光虽然照度非常小，但毕竟还有一些，这种光叫做微光。在这种条件下，用肉眼看东西非常困难，但可以通过一种仪器，把微光扩大，使人眼能看到夜暗中的东西。

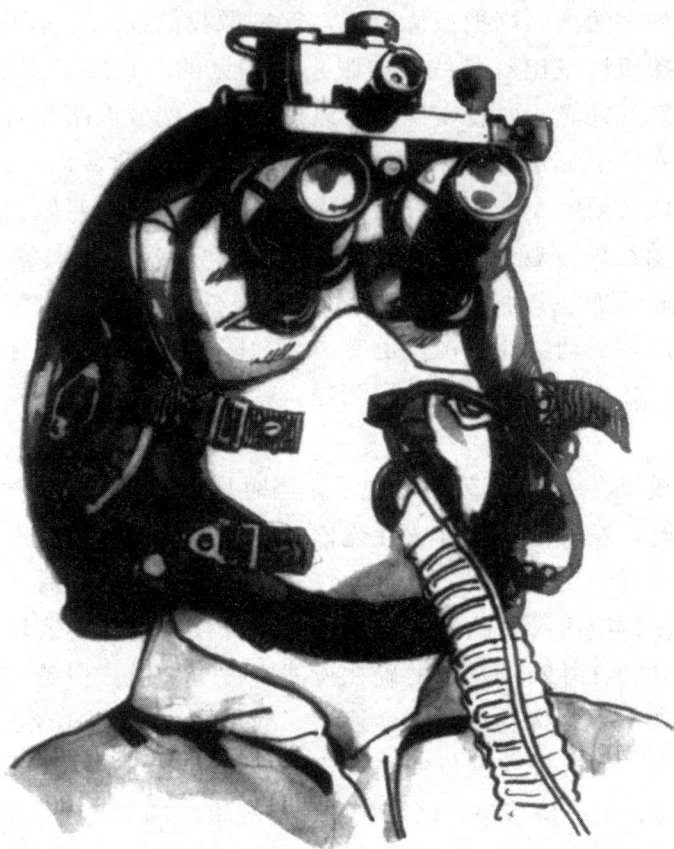

夜视眼镜

微光夜视仪是20世纪60年代发展起来的一种夜视器材。它是通过像增强器，增强目标反射的微弱光线，达到人眼能观察清楚的目的。这种仪器可以把微弱的光线汇集起来，通过 3 级连续增强，光的亮度可以提高 10 万倍以上，最后在增强器的荧光屏上显示出目标明亮的图像，供人眼观察。第一代微光夜视仪是在 60 年代末大量生产的，并且装备了部队。这种夜视仪在星光下，观察的距离可以达到 300 米，在月光下可以达到 400 米。后来又经过不断改进，在月光下视距可以达 1200米，在星光下可以达到 1000 米。相对来说，具有这样的性能已经相当不错了，在越南战争中，美军用这种夜视仪，发挥了很大作用。但这种夜视仪体积大，比较笨重，有7千克左右，必须装在三脚架上使用，携带不太方便。后来，在第一代夜视仪基础上，70年代初又发明了第二代微光夜视仪，这种夜视仪体积缩小了，重量也减轻了，而且可以把它放在头盔上。美国制造的微光夜视眼镜重量只有860克。驾驶员佩带，在1/4月光下可以看清150米远的人员，能像白天一样驾驶汽车。坦克用的夜视潜望镜，在月光下的探测距离为：对人观察为1300米，对坦克3200米。80年代，第三代微光夜视仪问世，新仪器灵敏度提高，寿命延长，而且不怕强光照射。由于微光夜视技术逐步成熟，价格较便宜，目前，各国军队在巡逻、监视，坦克、车辆和直升机夜间驾驶，夜间救护，架桥、判读地图、机器修理等方面大量使用。

由于战场情况十分复杂，有时不允许人员携带微光夜视仪去观察。微光电视应运而生，微光电视和普通的电视原理相同。把微光摄像机放到阵地上，可以自动把敌方的情况拍摄下来，供在隐蔽部里的指战员在微光电视中收看，也可以存放到录像带里或传送给后方司令部。把这种设备放到无人驾驶的飞机上，夜间深入到敌人的后方搜集情报。目前，微光摄像机不仅性能优良，而且相当小巧，重量仅57克，体积与火柴盒相仿。今后微光电视设备的发展和应用，必将为夜间观察和夜间作战提供更充分的保证。中国人民解放军一向有善于夜战的光荣传统，被誉为"夜老虎"，他们装备上夜视设备后，更是如虎添翼，百战百胜了。

发现热的"影子"

——红外热像仪

　　夜间作战可以借助于高悬在半空中的照明弹，或用明亮的探照灯，直接用肉眼进行观察。也可以用红外探照灯照亮目标，通过红外夜视仪进行观察。但这几种方法都很容易暴露自己。后来利用自然界微弱的星光或月光，发明了微光夜视仪，也可以使用微光电视设备进行摄像和显示目标。这些夜间观察手段都有不尽如人意之处。除去容易暴露目标以外，拿微光夜视仪来说，总还需要有一点点微弱的天光，如果是阴天怎么办？使用起来仍然受到许多限制。还有没有更理想的夜间观察手段呢？肯定是有的，就是利用目标自身发出的红外线，在这个基础上发明了"红外成像系统"。

　　自然界一切物体都有一定的温度，不管是人体、房屋、树木、地面，都是辐射体，本身都散发热量。像坦克发动机的排气管，射击时火炮的炮管、车辆发动机等都有温度，它们发射的红外光人眼是看不到的。武器发射、火箭喷出的火舌等有很大一部分是可见光，其中也包括红外辐射，也就是红外光。红外光可以利用红外接收装置来接收到。根据这个原理制成了夜视器材——红外成像系统，也叫红外热像仪。红外成像系统也是将红外光变成电信号，再由电变成可见光的变换过程。就是将目标发出的红外线转变成肉眼可以看到的图像，这里说的图像和我们一般看到的图像不同，是在红外线的反映下，场景温

夜视器材

度分布的图像。在显示器里看到，温度高的地方是白颜色，温度低的地方是黑颜色。所以，红外成像仪是利用温度的不同来分辨目标，以人员目标为例，只能够看出人的轮廓，但分辨不清鼻子和眼睛等细节。

红外成像系统是靠目标自身发射的红外光形成目标热影像。目前的仪器可以分辨出 0.2℃ 的温度差。夜间没有阳光的照射，地面、房屋、树木等等温度一般都比较低，而人和车辆发动机等目标温度高，与背景的温度比较有差别，这样在显示器上就会形成热的像。当目标隐藏在树林中或用伪装的器材伪装起来，用微光夜视仪观察就看不见了，但是用红外成像仪仍然可以观察到，尽管它藏在树的后面，因为它的温度比较高，还是能够发现。因此，这种夜间器材的观察能力比其他夜视观察的器材效果更好。热成像仪还有一个特点，比如，当坦克没有起动时和坦克已经待命起动或是刚刚熄火，发动机的温度都不一样，形成不同的热像。这时，侦察员根据热的影像不同，可以判断出坦克的状态。再如，机场上停留许多飞机，刚刚起飞了一批，原来停飞机的地方阳光没有晒到，地面温度较低，通过红外成像系统仍然能够发现已起飞的飞机的影子。潜艇在水下潜航，露出水面的潜望镜划过水面和潜艇排放的冷却水，温度较高，留下一条航迹，红外成像仪可以根据温度差找到水下的潜艇。当天气不好时，有薄雾、细雨、烟尘等能见度较差，普通观察器材无能为力，红外成像仪仍能发挥作用。

红外线在军事上的早期应用是主动式红外系统，红外夜视仪必须有红外探照灯配合。由于容易暴露目标逐渐被淘汰。红外热像仪靠物体自身发出的热量发现目标，属于被动式红外系统。目前，军事上大量使用这类系统。包括三个方面：红外跟踪和制导，多用在导弹上；红外夜视，有热像仪和红外电视；红外侦察和预警，有红外扫描仪。各类军用红外系统的关键部件是红外探测器，它能将红外线转换成电能或其他形式。其实常用的水银温度计就是最简单的热探测器。

20世纪60年代美国研制了热像仪在地面、舰船和飞机上使用。陆军用于夜间侦察、瞄准、火炮及导弹的控制系统。热像仪不但隐蔽性好而且能实现全天候观察。红外线比可见光在大气中传播的能力强，能穿透烟幕遮障。热像仪不怕强光，尤其是作为瞄准具，不会因炮口的火焰、炸药的烟尘和战场上的闪光而产生迷盲。这些优点使热像仪被人们誉为"全被动、全天候"的观瞄仪器。热像仪在揭露伪装方面有特殊的本领，由于热像仪是根据目标和背景的温差识别目标的，即使人员和车辆隐藏在灌木丛中 60 米深处，也能被发现。此外，通过探测地表温度差，还可以发现地雷场。热像仪在海军可用于夜间导航、防空报警、

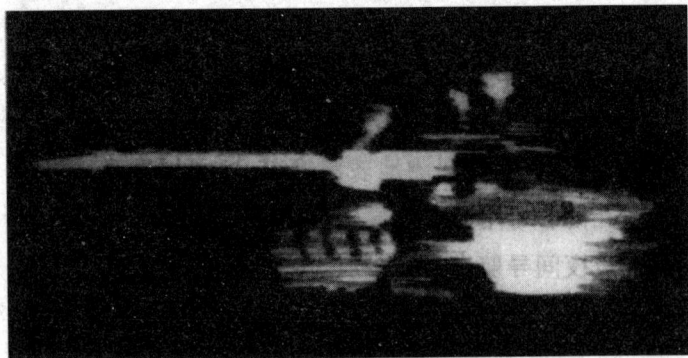

热像

武器控制。空军用于飞机夜间导航、武器控制、空中侦察，可侦察到上百千米范围内的军事目标。卫星携带热成像系统可用于侦察地面、海上目标和导弹预警等，热像仪的使用大大提高了军队的夜战能力。热像仪的品种很多，一般 8～10 千克重，温度分辨率为 0.1℃～0.3℃。英国研制的超远程热像仪，能看到 16 千米以外的舰船目标。除热像仪外，还有一种器材，即将景物的红外辐射转变成可见光图像的电视摄像显示装置叫红外电视。这种电视使用的摄像管一般都需要冷却，也就是要用微型制冷机。红外电视在军事上的应用远不如热像仪广泛，仅在夜间侦察、监视和低空导航方面有少量应用。

自从夜视技术用于军事装备以后，使夜间战斗行动发生新的转折。夜暗这一有利于作战的自然条件，成了有高技术夜视器材一方的单向透明，夜视器材性能越好，透明度越高。从此，军界出现了一个新名词"单向透明度"。当然，如交战双方都普遍装备有夜视器材，那就成了双向透明了，这也是世界各国军队争相发展夜视器材的原因。有人预言，21 世纪的战场将是裸露的战场，军队的夜战首先要战胜夜视装备的监视，才能争得行动的自由。夜战已不再是技术装备劣势一方的保护伞，而将成为技术优势一方的有利条件。单靠传统的训练方法提高军队夜战能力已经远远不够，必须发展自身的夜战装备，才能适应未来战争的需要。

踪影不见
——隐身技术

　　隐身人在神话故事或科幻小说里经常出现，某人吃了一种神药，或者是学会了一种咒语就可以隐身。另外，我们在看魔术表演时，魔术师也可以把自己或别人变没有了，过一会又可以变出来，好像他真有某种隐身术一样。其实那仅仅是一种假象或错觉，现实生活中隐身的事情是不存在的。在军事上为了保存自己，往往采取隐蔽、伪装措施，目的是降低敌方侦察效果，提高目标的生存能力。伪装的基本原理是减小目标和背景特性的差别，迷惑敌人；也可能是扩大这种差别，欺骗敌人。利用地形、地物、黑夜、雨雾等隐蔽目标，叫做天然伪装。利用涂料、染料改变目标的轮廓，如人员身穿迷彩服、兵器涂上迷彩色，叫做迷彩伪装。此外，利用植物、人工遮障、烟雾都能达到伪装的目的。利用假目标、或通过消除、模拟目标的灯火、音响，迷惑敌人。总之，伪装可以概括为四个字："隐真、示假"。伪装不仅是为了掩人耳目，还包括对付各种电磁波，如雷达、红外、激光、微波。

　　伪装是战争中必不可少的环节，贯穿战争始终。随着高技术的发展，二次世界大战以后，出现了隐身技术，又叫隐形技术。它是通过降低兵器装备等目标的信号特征，使其难以被发现的技术，它是传统伪装技术走向高技术化的发展，被军事界称为"王牌技术"。但不管怎么说，任何一种隐身兵器都不是用肉眼完全看不到的兵器。也就是说，

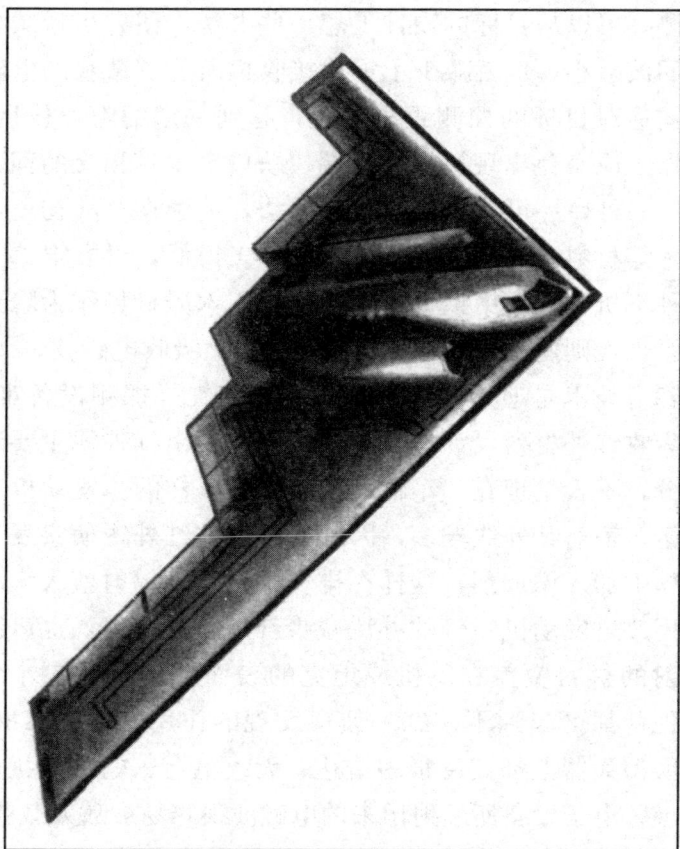

B—2 隐身轰炸机

军事上用的隐身技术实际上就是减少目标的观测特征，当对方利用一些探测设备探测时，把大目标误认为小目标，造成判断错误，所以有时把隐身技术又叫做"低可探测技术"。

由于现代军事上雷达的广泛使用，使之成为一种重要的探测工具。雷达隐身自然就成为一种重要的隐身技术。雷达发射电磁波，遇到金属目标会发生反射，一部分反射波被雷达接收，目标就被发现了。根据反射波还可以探测出目标的大小和距离。雷达探测目标和目标本身的形状、大小、材料有关系，和雷达探测角度也有关系。为避免雷达波的探测，可以从目标的设计上想一些办法，使它尽量减少雷达波的反射。回波减小，也就减少了雷达接收机所能够截获的电磁波的能量，使得雷达对目标的探测距离缩短，起到一定的隐身作用。比如，在武器外形上应避免出现棱角、尖端、缺口等垂直相交的面，以减少雷达回波。另外，还可以在材料上想办法，英国在二战初期，用胶合板、云衫木等材料制成轰炸机，速度快、飞得低，对方雷达几乎看不到它。这种飞机在战争中损失最小，这是用木质材料作为隐身材料的最早应用。现代则使用磁性吸波材料和涂料，吸收电磁波。

红外隐身技术是通过改进结构设计，使红外探测设备难以发现。也可以用吸收红外材料设计武器，武器所以发出红外线主要还是它的发动机部分，不管是坦克、车辆、舰艇都是一样的。发动机工作会发出很多热量，辐射红外线较多，因此很容易被红外线侦察发现。可以采取在燃料中加入添加剂，这样在排气中红外线辐射就大大减弱。另外还可以用改进发动机喷管的办法减少红外线的辐射，也可以用一些吸收热辐射的材料覆盖在飞机或坦克的表面上，使得红外线辐射减少，以上种种都可起到不被红外侦察发现的作用。现代飞机、军舰、导弹等等大型兵器上都装备很多雷达、无线电台、电磁干扰设备、导航设备等等，电子设备所发射出来的电磁波很容易被敌人截获、识别，因此暴露目标，减少目标的有源电磁波辐射也是隐身技术很重要的方面。

美国波音公司制造的B－52远程战略轰炸机，是20世纪50年代研制成功至今仍在使用的大型轰炸机，机长约50米，翼展56米，机高12米，是个庞然大物。它的雷达反射面积达100平方米，雷达探测距离是4000千米，也就是说在4000千米以外就能够被雷达发现。美国80年代制造的B－2隐身战略轰炸机，体积也很大，机长21米，翼展52米，机高5米。但是由于采取了隐身技术，使得雷达反射面积仅仅有0.1平方米。因此，雷达只能在71千米处才能发现它。也就是说对于B－2型隐身轰炸机在71千米以外航程中是隐身的。由于采用隐身技术，缩短了雷达的发现距离。现代飞机的飞行速度很快，如果能在比较远的地方发现，有可能采取拦截措施，否则就很被动。

美国的F—117A隐身战斗轰炸机，是世界上一种具有高隐身性能的飞机，它可以携带激光制导的炸弹。飞机于1975年开始研制，一直到1983年才装备部队。飞机的外形和结构采取了隐身技术，全机纯金属材料不超过结构重量的5％，全身涂上隐身涂料。它具备对抗雷达、红外、激光等探测的性能。它反射雷达波的面积仅仅有0.1平方米，相当于过去战斗机的1％，被雷达发现距离缩短了68％。1990年，海湾战争中，美国曾经出动了30架F—117A战斗轰炸机进行战斗，对于伊拉克防空能力最强的80个目标进行袭击。据说它将激光制导的炸弹准确无误投向伊拉克总统府的屋顶上，取得了十分突出的效果。这种飞机能够躲避敌人的雷达，所以不需要其他战斗机护航。在海湾战争中美国出动了全部F—117A隐身机的80％，一共48架参加了战斗，尽管占各种轰炸机出动总架次的5％，但攻击目标占整个攻击目标的30％左右，取得了很大的成功，隐身机在海湾战争中的出色表现，使人们进一步看清了他的优越性和在战争中的作用。

F－117战斗机

美国的另外一种比较著名的隐身机，B—2隐身轰炸机是在1986年实验成功的。"三无"的外形——无机身、无前翼、无尾翼，史无前例。看上去像一个飞镖，又像曲棍球棒。这种飞机比较大，它可以携带25吨炸弹，也可以携带核弹或氢弹。航程1万米，飞行高度1.5万米。B—2型轰炸机是目前世界上最有代表性的隐身武器，它的雷达反射面积只有0.3平方米，由于隐身性能好，所以它可以单独执行轰炸任务。

除隐身飞机外，隐身导弹作为导弹战的主体兵器，也是各军事大国加紧研究的兵器。美国的新型巡航导弹也采取了隐身技术，这样一来巡航导弹的威力更强了。最近三十多年来，各种军舰上已经广泛采取了隐身技术。潜艇的隐身技术是用一种高强度的塑料做潜水艇的外壳，减小了雷达或其他探测设备发现的可能性。坦克的隐身问题也提出来了，现在很多军事强国都在秘密进行这方面的研究，预计在21世纪将会出现隐身坦克。

由于隐身武器的出现，增加了战场上防御的难度。但隐身兵器也有弱点，为了减少被雷达发现的可能，兵器在外形设计上采取了很多措施，采取这些措施以后对兵器设计的合理性有一些影响，因此这两者之间就出现了矛盾。飞机为减少电磁波反射面，必须把外挂武器藏到机身内部，使得携带的数量受到一定的限制，一般战斗机携弹量是隐身机携弹量的10倍。弹药量有限，攻击力显得后劲不足。隐身兵器表面上涂上各种吸收电磁波的材料，增加了自身的重量，这些都会影响隐身兵器的机动能力。由于隐身兵器构造比较复杂，战场上的维护困难。隐身兵器造价昂贵，F—117A隐身机，单价1亿多美元，B—2隐身机，单价9亿美元。用这么昂贵的兵器，攻击廉价的普通目标，经济上不大划算。

有了隐身兵器，就要研究对付隐身兵器的方法。现在各国也研究出一些新型雷达，使得发现目标的距离增加。还可以采取灵活运用现有探测手段，合理部署兵力，形成稀疏的战场布局，实施严密的伪装，研究新型打击兵器等措施。比如，隐身兵器大量使用吸收电磁波的材料和涂料，那么可以发明一种电磁脉冲武器，发射大量电磁波，使隐身兵器表面吸收层产生高温，造成损伤甚至自毁。武器发展中隐身和反隐身的斗争必将长久进行下去。

隐身舰

哑巴杀手
——次声武器

一个物体在空气中振动就会产生声波，并且向四外传播。我们听到的讲话、音乐，车辆及飞机的噪音、弹药的爆炸声等等，都是由于振动，通过空气传播到人耳，如果没有空气，也就听不到各种声音。比如，在月球上，那里没有大气，所以声音无法传播，是一个寂静的世界。

声音有高有低，有的声音我们听得到，而有的声音我们听不到。在物理学上根据声音的频率，也就是振动的次数，来划分声波，有一种划分的标准叫做赫兹。人的耳朵听声音有一定的范围，如果频率高于 20000 赫兹以上，人耳是听不见的，叫做超声波。在医疗上用超声波可以诊断病情，在工业上利用超声波可以探测金属内部有没有杂质。另外，频率低于 20 赫兹的声波人的耳朵也听不见，叫做次声波。次声波的频率和人体器官的固有频率十分接近，人有各种各样的器官，这些器官都有振动，有振动就有频率。如果次声波作用到人体后，人体固有频率与次生波频率一致的器官就会不由自主地产生共振，人体器官就会造成损害，次声武器就是利用这个机理杀伤人员的。古典小说《西游记》中，有这样一个情节，孙悟空大闹天宫，玉皇大帝派了许多天兵天将和孙悟空作战。曾经派过一个天王，他的武器是一个琵琶，只要他一弹琵琶，发出的声音就会使孙悟空头脑发胀，失去作战的能力。从这个神话故事中看出来古代已经有用声音当作武器的想法。在近代的武侠小说里也用吹笛子，靠发出的声音使对方失去战斗力的描写。这些小说都说明声音可以当作一种武器，这种古代的想象，现代已经实现。

1968年，法国古老港口城市马赛，住在郊区的一家农民正在吃饭，突然间主人一头栽在餐桌旁，接着他的老伴、女儿、孙子、孙女也都倒在地上一动不动，邻居一家正在田间劳动，也遭到同样的厄运。救护车把这些人赶紧运走，也没有进行什么调查，警方的行动显得十分诡秘。后来透露出来一些消息，造成这次神秘伤亡事件的内幕是法国军方在研究一种新的武器，叫做次声武器。当时由于研究人员违反了操作规程，使得次声波泄漏出来，造成了30多名无辜百姓的伤亡。据说研究所距出事地点有16千米远。从此，大家才知道法国军方在秘密研究的新式武器是一种无形的杀手。

自然界也会发生次声。1992年，广州飞往桂林的一架波音客机飞临桂林时撞山坠毁，机上140余人全部遇难。有关专家认为，这架飞机很可能是因为次声波作用而坠毁的。桂林属于半丘陵地带，气流受到山势的影响，会产生一种次生波，使驾驶员丧失方向感和平衡感，由于动作失调使飞机坠毁。

目前研究出两类次声武器：一类是伤害人脑的神经摧毁型次声武器，它发出和人脑震动的频率8～12赫兹接近的次声波。这种次声波和人的脑子发生共振，损害人的神经系统，影响人的意识和心理，轻的使人感到不舒服，注意力无法集中，难以从事复杂细致的工作，有的时候还会出现头痛、恶心、心跳加快、恐惧不安等等，重的会使人神经错乱、休克、丧失思维能力；另一类是损伤内脏器官杀伤型武器，它发出4～8赫兹的次声波，这种次声波和人的五脏六腑震动的频率相接近。次声波与人的内脏发生强烈的共振，轻的使人肌肉痉挛，全身颤抖，呼吸困难，重的可以造成器官破裂，内脏损伤，甚至使人死亡。

次声武器是一种用于突然袭击的武器，它可以消灭隐藏在隐蔽所、坦克、潜水艇等等防护很牢固设施中的人员，高强度的次声波所到之处一切有生力量都可能受到损伤。次声武器射击时无声无息，人的耳朵是听不到次声的，所以也把这种武器称为"哑巴武器"。再加上次声波传播的速度非常快，隐蔽射击，可以起到突然袭击的作用，令人无处躲藏。次声波传播的距离很远，它的强度也不容易被大气削弱，一般来说，声波的频率越高，空气和水对它吸收和衰减的作用就越大。比如，我们听到 1000 赫兹的声音，大气吸收衰减的作用就比较大，但是次声波频率低，可以传到很远的地方。氢弹爆炸时，产生的次声波可以绕地球好几圈，行程可以达到 10 万千米以上。普通的炸弹爆炸，产生可以听到的声音，只能传出几千米，但爆炸产生的次声波能够传到 100 千米的距离，在水下传播距离就会更远，达 2 万千米。次声波还有一个最大的特点是可以穿过各种障碍，声波的频率越低，穿透的能力就越强。比如对于人耳能听到的 7 千赫的声波，一张厚纸就能把

次声

它挡住，但对于 7 赫兹的次声波来说，一般的墙壁都挡不住它。根据实验，次声波可以穿透 10 米厚的混凝土。另外，次声频率越低，通过孔洞或缝隙传到隐蔽部内部的能力越强，可以说是无孔不入。次声乘隙而入，轻而易举地杀伤工事内部、坦克及舰艇里的人员。

如何制造次声？可以利用压缩空气、高压蒸汽或高压燃气，让它有控制地突然释放出来，高速气体引起振动，产生次生波。次声枪就是用这种气爆方式作声源，用次声枪作为排除地雷工具，现在已经在使用了，当然也能对人员造成伤亡。利用炸药爆炸产生的次声可以制成次声弹。产生次声还有其他方法，如管式共振法、扬声器法等，次声武器绝大部分还处在试验阶段，真正能够达到实战要求的次声武器还没有。由于目前次声武器很难做到体积小型化，另外它的方向性也很难控制，弄不好很可能伤害自己人，所以还正在不断地探索和研究之中。

利用声波作为武器，还不仅仅有次声武器。利用高能超声波发生器，也能使敌方人员产生视觉模糊、恶心、呕吐等心理反应，从而使其丧失战斗力。高频声学武器可以产生噪音，能使门窗破碎，使掩体或指挥部内的人员感觉不适，甚至难以忍受，无所适从。美国曾用这种办法进行反恐怖行动。利用扩音机向敌人喊话，也是用声音进行的心理战，可以起到瓦解敌军的作用。我军在解放战争和炮击金门期间，都利用喊话和广播进行宣传战，起到很好的效果。现代正研制有声有像的电视弹，电视弹在空中爆炸后，弹体内的全息投影立即开始工作，敌军不但能听到广播，而且能看到映在天空的标语和图像，这种宣传武器可以扰乱敌军的思想。另外，利用声波欺骗，以假乱真，也是一种迷惑敌军的手段。海湾战争期间，美军对伊拉克的广播、电视进行干扰和欺骗，有时甚至取代了伊拉克的广播信号，使得伊拉克人误以为那是真的官方广播，一时间伊拉克全国陷入一片混乱之中。请看，用声波作武器真是五花八门，无奇不有。

死 光

——激光武器

各种武器能够杀伤人员，主要是因为它具有能量。武器不同，能量向外传输的方式也不一样。炮弹、炸弹、地雷、导弹等等，它们爆炸以后释放的能量是从爆炸中心向四面八方传播，没有一定的方向。因此，这类武器的能量不能得到充分利用，也就是说它飞出来的弹片只有一部分起到杀伤作用，大部分都浪费掉了。因此，研究一种把能量高度集中，能够很迅速而且很准确地射向目标的武器，这是军事家们多年以来一直梦寐以求的事情。这种新式武器后来果然出现了，有激光武器、粒子束武器和微波武器等，这些新式武器的共同特点是，都能够利用很强的按一定方向传播的能量，所以把这种武器称为定向能武器。这种武器属于新概念武器，和传统的武器不同。这种武器除去能量集中外，还有很多特点，比如，它没有一般弹药爆炸时的轰鸣声音和弥漫的硝烟，因为它不是用爆炸的方式来杀伤人员的。另外，这些武器一般都是利用电能，因此不需要弹药，这就减轻了士兵的负担。还有它对目标造成的破坏又不像核、生、化武器那样，容易造成目标周围大范围的破坏和污染。所以，定向能武器是现代军事家们研究发展的重点。

定向能武器包括很多种，在这里重点介绍激光武器。很早以前科幻小说里就描写过，蒙面大盗使用一种新式武器，威力无比，所向无敌。它既不是枪也不是炮，发出一束冷光，无声无息。当光束射到之处，人员必死无疑，任何东西遮挡不住，钢铁装甲眨眼间被烧穿，当时给它起个名字叫做"死光"。

科学幻想中所说的死光就是激光。1960 年，美国人首先研究出了世界上第一台激光器，中国的科学家们在次年，也制造出了激光器，后来由于种种原因，我们的研究落后了。激光器一出现就引起人们极大的注意，因为它具有很多优越性，并且应用的范围非常广泛。在军事领域激光应用也很多，不仅仅是作为一种武器使用，它还可以在很多军用装备、仪器、器材中起到作用。激光武器能量极强，准确性高，射程远，没有后坐力，抵抗电子干扰。例如，把 1 瓦激光束射到 10 平方微米的面积上，在焦点上光的强度相当于地面上太阳光强度的 100 万倍以上，射程可达到 5000 千米以上，能摧毁任何坚固材料制作的目标。激光武器准确性好，速度快，一旦发现目标，指哪打哪，特别是攻击运动目标像飞机、导弹等不用计算提前量。如果用常规的武器打运动目标，必须瞄准目标的前方一定距离，目标飞到这个地方以后，子弹正好到达。激光也是一种光波，它以 30 万千米/秒的速度传播。激光武器发射的速度快，因此可以连续攻击多个目标，不像枪炮那样，发射一发以后，装弹后再进行第二次发射，激光就不存在这个问题。和导弹比较，激光武器一次发射的费用比导弹便宜得多，它可以装在车船、飞机、卫星上，应用十分广泛。

激光武器也有弱点：在大气层中使用时，大气对激光能量有严重衰减作用，射击的距离和威力都会受到影响，而且雨雪、烟尘、灰尘、云雾更是激光难以逾越的障碍，不能全天候作战。另外，激光照射到目标，要停留一个短时间才能破坏目标。因此，激光武器对瞄准跟踪要求非常高，如果用高射炮射击一架飞机，高射炮弹爆炸以后产生很多碎片，总可能有一两个碎片碰到这架飞机上。但是激光达到目标上只是一个点，所以必须瞄得很准才能起到作用。激光武器靠激光束来打击目标，激光是直线传播的，攻击目标必须能够直接看到，迫击炮可以打击障碍物后面的目标，激光武器则不行。激光武器设备庞大，消耗的能量也很大，因此它的使用受到一定的限制。但激光如果在卫星上发射，没有大气的干扰，使用的效果会更好。

激光武器对目标有很大的破坏作用，对人员有杀伤作用。激光打

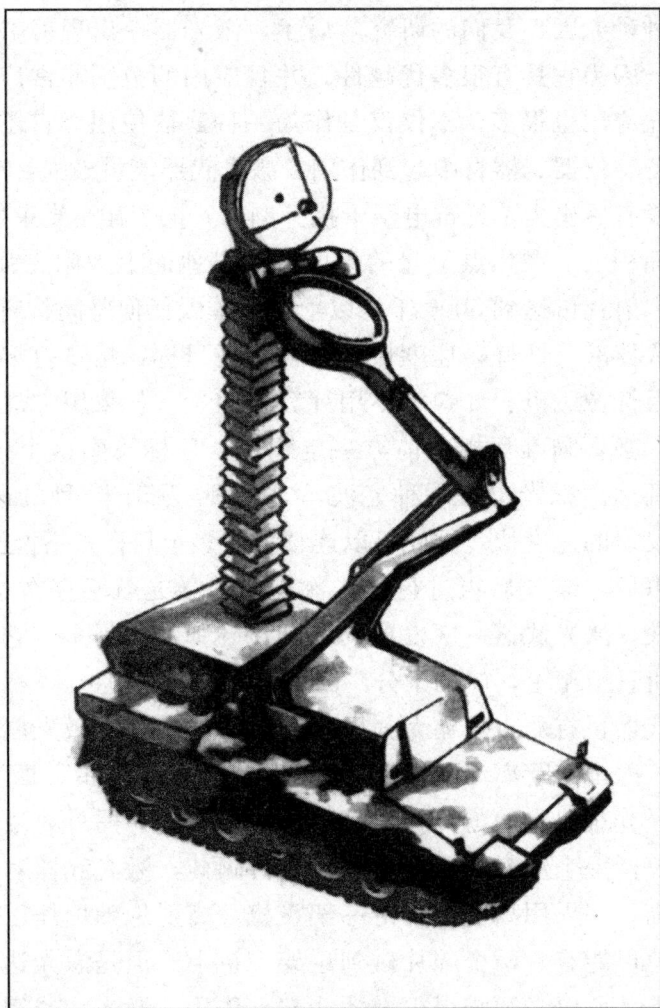

激光武器

到目标后，就可以转化成热量，把目标很快地烧毁，任何坚固的东西都难以抵挡。功率为 6 万瓦的激光束，可以点燃 2000 米以外的木板。用激光可以达到千万度以上的高温，可以引起核聚变，用来制造氢弹。另外，当激光打到目标后，目标很快被烧毁并且变成蒸汽，这种蒸汽向四处喷射就产生了激波，激波在目标后面又产生了一种反射波，可将目标材料拉断、撕碎。裂片飞出也具有一定的杀伤破坏力。另外，激光发射，当目标遇到激光后马上汽化，产生等离子体，它可以使电子元件受到损坏。

激光武器可以分为三类：第一类是激光致盲武器，主要是破坏人的视觉。不需要能量很大的激光，就可以起到作用。现在已经研制出来的激光手枪，很轻便，只有 0.5 千克，射程达到 30～50 米。激光步枪射程达到 800～1500 米，重量约 6 千克。这些激光轻武器，可以使人致死，也可以使人的眼睛烧伤，还可以放火把一些材料点燃。激光致盲武器已经在部队里使用了。当士兵使用各种夜视仪、侦察相机、瞄准镜、潜望镜、望远镜时，如果激光对准这些仪器打过来，对使用者眼睛的伤害就会更大，因为这些仪器往往都有镜头，镜头本身就有放大作用。因此，使用这类仪器时，要特别注意防敌人使用激光武器。必须戴上防激光眼镜。

第二类是激光武器是防空激光武器，主要对付飞机或导弹等，但是它也可以攻击像坦克这样的地面目标，尤其对巡航导弹，它的防御意义是非常大的，因为巡航导弹是低空飞行，用激光拦截比较容易做到。

第三种类是反卫星激光武器，在外层空间使用的一种高能激光武器，它一般都在 1000 千米以上的高空运行，攻击的目标是卫星和战略导弹。这种反卫星的激光武器使用时有两种方法：一种是把它安置在太空，但是由于它的体积比较大，比较笨重，安置在太空上面目前还有一定的困难。最好是把激光武器放到地面上，由地面发射激光。在空间发射一颗卫星，卫星上带一个反光镜，地面发出激光后经过卫星

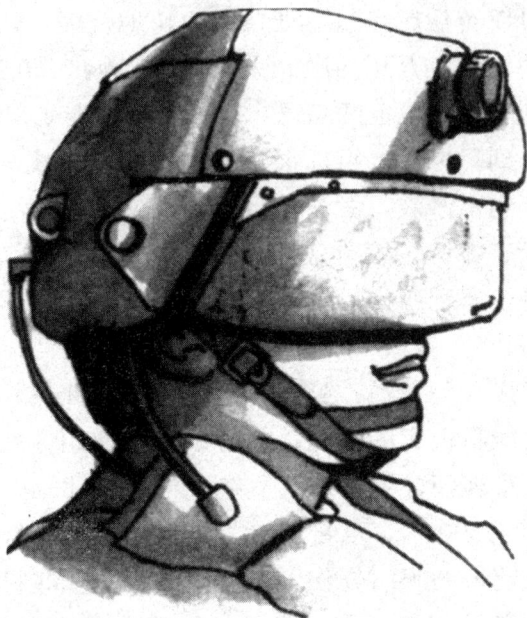

防护眼镜

的反射镜反射，然后再攻击目标。这样空间卫星的体积就不用很大，也不需要大的电源。激光武器可以击毁卫星，也可以破坏卫星上的一些设备。1975 年，前苏联曾用陆地上的激光武器使两颗美国侦察卫星在西伯利亚上空"致盲"。总之，激光武器是破坏卫星的主要武器。

1985 年，美国曾进行了一次新武器试验。指挥员一声令下，一枚巨大的火箭钻上蓝天，这是美国"大力神"导弹，火箭第一级脱落，第二级点火。此时，指挥员又下令，开炮！只见一支强光，像把利箭，一下击中蓝天的"大力神"，刹那间"大力神"冒出一团烈火，轰隆一声炸成碎片，导弹就这样在高空很远的距离上被击落。到底是什么神奇的武器，既没有炮弹，而且速度如此之快，原来这就是激光炮，一种反导弹武器。战略激光武器技术很复杂，预计 21 世纪才可以投入使用。

太空激光武器

失效与失能
——非致命武器

　　军事科学技术的进步加速了现代化武器发展的进程，目前的状况是硬杀伤与软杀伤武器同时并举，致命武器与非致命武器同时发展。在战场上，有一种武器可以使人丧失活动能力，但是不致人于死地；也可以使武器装备失效，但并不完全损坏，这类武器叫做非致命武器。比如，使敌人暂时失盲，他就失去了继续作战的能力，有的是使敌人的武器装备局部损坏，比如，把坦克的履带用一种化学腐蚀剂给损坏了，使它动弹不得。这些武器都是使人失去作战能力，使武器失去作战效能。可见，非致命武器有两大类：一类是对武器装备起作用；另外一类是对人员起作用。

　　专门为了对付武器装备的非致命武器有很多种：橡胶溶化剂，可以溶化橡胶制品。把它洒在路面上，凡是橡胶制的车辆轮胎或战士穿的胶底军靴，遇到它就溶化了，车辆、人员动弹不得，不能继续作战。

　　强力粘结剂，这种粘结剂是一种强力胶水，如果把它喷射到机场的跑道上，几分钟就会把飞机牢牢地粘住，使飞机无法起飞。也可以把枪炮粘住，使武器无法操作。甚至可以把人员粘住，无法迈步。

　　特种润滑剂，这种像蜂蜜一样的润滑剂洒在机场跑道、公路或航空母舰甲板上，由于摩擦力降低，使车辆无法运行或飞机无法起飞和降落，好像冬天在冰上走路容易摔跤一样。这种润滑剂可以用飞机或

胶粘剂

用导弹洒播。任何交通运输线，只要洒上这种润滑剂以后，所有的车辆、飞机都难以行动。

油料凝固剂，这是一种化合物，它可以使燃油在常温下迅速凝结成胶冻状，这时坦克和各种军用车辆发动机都不能工作了，不管是汽车或是坦克都无法起动。还有一种专门培养的细菌也具有使油料变质而凝结成胶状物的功能，这是一种对人无害的细菌。

金属致脆剂，这也是一种化学药剂，把它喷洒在敌方各种兵器和装备上，使得金属部件变脆，因破裂而损坏。

超级腐蚀剂，这种腐蚀剂具有极强的腐蚀性，把它抛洒到敌方武器和装备上，如铁桥、铁轨或坦克，既能腐蚀金属，又能腐蚀飞机的挡风玻璃和光学仪器，使它们受损而不能使用。

乙炔引爆剂，它也是一种化学物品。乙炔是水和二碳化钙接触后产生的可以燃烧的气体，它与空气混合，遇火很容易爆炸。利用炮弹把它打出去以后，乙炔气体被吸入坦克发动机里，因为这里面有空气，当这两种气体混合后，只要发动机一点火就发生爆炸，把坦克的发动机摧毁。

泡沫云墙，有一种炮弹，里面装的不是炸药而是能产生一种飘浮性非常强的泡沫材料。当炸弹炸开以后就产生很多泡沫，泡沫量很大，像云雾一样在空气中持续一定时间。大量的泡沫把整个坦克或装甲车都包围起来，驾驶员观察不到前进的方向，只能停在那里。另外这种泡沫被吸到坦克或汽车的发动机里，也会造成发动机熄火，使自身处于被动挨打的地位。

阻燃烟云，也是一种化学品，它本来是作为灭火剂使用的。用炮弹把它发射出去，爆炸后形成阻燃烟云，这种高效灭火剂吸收到坦克发动机里以后，发动机熄火，使得坦克和其他车辆瘫痪。

纤维炸弹，有一种炸弹里面放的不是火药，而是一种金属纤维，因为金属有导电性，把这种炸弹发射到敌人的发电厂、雷达站、配电站、高压线或其他有电器设备的地方，这种金属纤维的烟云可以使电器发生短路，造成停电，使敌方要害部门无法工作。在海湾战争期间，

网枪

美国曾经用巡航导弹发射了纤维弹，袭击了伊拉克的发电厂，由于纤维弹的作用使得伊拉克军队指挥总部停电几小时。这种金属纤维如果落在坦克车里也会造成电器失效，坦克再也没有战斗力了。

对付人的非致命武器也很多，有一种催眠化学弹，在炮弹或炸弹里装着一种化学药品，如果人闻到这种气体以后，就会昏昏欲睡，行为反常。使得指挥人员没有办法指挥，战斗人员也没有办法参加战斗。很像吃了蒙汗药，中毒轻的虽然可以说话，看东西，但是身体不能动弹，重的就会昏迷不醒，因而失去了战斗力。

还有一种毒剂是通过皮肤吸收的，人员只要是接触到含有这种药品的空气，就会呕吐、恶心，因而失去抵抗能力。

美国曾经进行过一次"猫怕老鼠"的试验。把一只猫和一只老鼠放在一个箱子里，猫立刻扑上去把老鼠叼在嘴里。试验人员从猫嘴里把老鼠夺下，随即给猫注射了一针。不久，猫变得完全没有了精神，当再把老鼠放进箱子时，猫反而表现出胆怯惊恐的样子，东摇西晃地步步退后。猫怎么会害怕老鼠呢？原来刚才给猫注射的是美国新发明的 BZ 失能剂。那是一种能够造成人和动物短时间内出现精神障碍，使躯体功能失调的药剂。ZB 失能剂也是一种毒品，但是它不会把人毒死，而是使人闻到这种毒品以后就会丧失作战能力，过一段时间以后还可以恢复，也不需要治疗，使人暂时失去抵抗力。这种非致命武器美军曾经在越南战争中用过。有人认为在今后的战争中，将会更多地使用这种武器，使人失能而不丧命。

闪光弹也是一种非致命武器，闪光弹爆炸以后不是产生碎片或是冲击波，而是出现最强的闪光，闪光很亮，可以破坏一些探测仪器，也可以使人暂时失明或造成永久的伤害。这种闪光弹已经在实战中使用，可以用炮发射或空投，美国研制反坦克闪光弹，它使坦克的各种仪器不能工作，又能造成坦克中的人员晕头转向，眼花缭乱，瞬时失明或变成瞎子。闪光弹可以制成手榴弹，它也可以用榴弹发射器来发射。这种闪光弹对付恐怖分子也有一定的作用，可使恐怖分子暂时失去活动能力。非致命武器的种类很多，现在还在不断研究，比如，美国研究了一种金属网罩，它是通过枪或炮发射出去以后形成一张很大的网，可以把坦克或人员，特别是集中在一起的人员给罩住，使之暂时失去作战能力。

计算机病毒也属于一种非致命武器，现代军事指挥、军事装备、武器中大量使用电子计算机。一旦感染病毒，一切军事活动将全部瘫痪。科学家预言，未来战争破坏力最大的已不是核打击，"计算机病毒打击"将更直接、更有效、更危险、更现实。1991年，美国曾用这种武器成功地攻击了伊拉克的指挥中心，提供了"病毒"参战的经验。鉴于计算机病毒武器的巨大作用，1990年，美国国防部曾出资55万美元招标，征集干扰和摧毁敌方电子系统的计算机病毒。计算机病毒的种类已经很多，而且还在不断产生。计算机病毒武器的关键问题是如何使敌人的机器感染病毒，因为它不像使人得病的病毒那样可以通过自然界传播。目前计算机病毒"入侵"的方法有：利用无线电从空间注入。把病毒变成无线电信号，通过无线电注入敌人的接受设备，使其在电子系统中扩散，导致整个计算机系统破坏。另有一种办法就是把病毒存放在可以出口的武器计算机芯片中，平时发现不了，一旦需要可以用无线电遥控使病毒复活。由间谍把计算机病毒偷偷输入到敌人的计算机系统中，这是最直接的办法。这里对我们有一个启示，必须发展自己国家的计算机制造业，绝对不能完全依赖进口。要十分警惕进口的设备中可能有"鬼"，特别是军事部门和国家要害部门。

随着现代高技术的发展，很多非致命武器都还在研究探索之中，每个人都可能是非致命武器的发明家，因为非致命武器不一定需要很复杂的技术，也不一定需要很高级的材料，这里面只包括人们很高的智慧。

空中指挥部

——预警机

在军用飞机里，样子比较奇特的就算是预警飞机了。预警机是一种大型的飞机，它的背上背着一个巨大的圆盘，好像一个铁蘑菇，看起来很笨重。它的全名叫做"机载预警与控制系统飞机"，又叫空中预警指挥机，简称预警机。它的作用是搜索、监视空中或是海上的目标，同时它可以指挥、引导自己的飞机进行作战，所以常常把预警机叫做空中指挥部。平时它在国家的边境或公海上巡逻，侦查敌方的动态，防止敌方的突然袭击，它还可以探测低空和超低空的目标。它在空中巡逻机动性很好，生存能力也很强，所以在现代战争中起很大的作用。

为什么要发展预警机呢？这个问题和雷达性能有关，因为雷达本身是一种侦察器械，雷达波是按直线传播，由于地球是圆形，如果雷达放在地面上，受到地球表面弯曲的影响，探测距离就会受到限制。如果把雷达放得高一些，比如放到山顶上，探测的范围就会增加；如果把它放得更高一点，比如放在飞机上，探测的范围就更大。经过计算，当雷达天线高度只有 5 米高时，飞行高度为 100 米的敌人飞机来偷袭，发现敌机的距离只有 50 千米，也就是说只有 1～2 分钟的预警时间，由于飞机速度很快，我方飞机来不及截击它。假如把雷达的天线升高到 1 万米，仍然是探测低空飞行的飞机，这时发现的距离可以增加 10 倍，达到 500 千米，也就是说在 500 千米以外就能够发现敌机，预警的时间可以增加到 20 分钟左右，完全可以指挥自己的飞机起飞，拦截敌人的飞机，或者做好发射导弹及使用各种防空武器的准备，可见，预警机作用是非常大的。

第二次世界大战中，日本偷袭珍珠港成功，美军遭到重创，美军总结教训，深感缺乏预警能力。二战以后，美国海军开始研究预警机，当时是把雷达放到小型飞机上，改装成舰载预警机。后来又经过很长时间的发展，在 1958 年，海军就装备了一种舰载预警飞机叫做 E—1B，从而成为世界上第一种实用型预警机。以后英国、苏联、美国先后研制了 20 多种型号的预警机。在历次战争中预警飞机均起到很重要的作用。在中东战争中，以色列空军飞机在出动以前就派了一架预警飞机监视敌机的行动，指挥以色列飞机作战。在 1991 年海湾战争期间，每次空袭都有预警飞机先行，引导多国部队的飞机对伊拉克的目标实施攻击，取得了很好的效果。但也有相反的例子，在 1982 年 5 月份，英阿马岛海战中，英国由于没有派预警飞机参战，结果有多艘英国军舰被阿根廷击沉或击伤。这说明没有预警飞机参加作战必将受到很大损失，可见，预警飞机在作战中非常重要。

美国的预警飞机是海军最先研制的，当时，空军不以为然，不重视发展预警机，后来用了海军的预警机，感到很好，于是也开始了研究，经过了 10 多年艰难的历程，研究成功目前世界上性能最好的 E—3A 预警机，这种预警机的名字叫做"望楼"，是瞭望岗楼的意思，由

预警机

于位置比较高，可以侦察到大范围内敌机的动向。E－3A预警机是用波音707改装的，它是一种全天候、远航程、高空、高速，能在各种地形上空和海上飞行，它可以监视空中的目标也可以监视地面和海面目标。一架预警机可以同时跟踪1000多架飞机，指挥几十架，甚至于上百架自己的飞机进行空战。预警机背着一个直径7米大的圆盘，这个圆盘是雷达天线罩，圆盘里面是雷达天线，天线在不断旋转搜索目标。这种天线非常先进，它每10秒钟扫描一次，可以发现600个目标。飞机高度为12000米，飞行的速度960千米/小时。这么大的飞机里，机组人员一共只有17人，如果在地面，具有同样功能的指挥所和雷达站，至少需要几十人甚至上百人，可见，预警机的自动化程度是非常高的。

E－3A预警机装备了大量的电子设备，当它在9000米高空飞行时，雷达发现高空目标的距离是500～600千米，发现低空目标的距离是300～400千米，它监视的覆盖面积可以达到30～65万平方千米，相当于30部地面雷达的作用。它可以搜索600个目标，并且能对240个重点目标进行识别，判读，测距，并处理300～400个目标的数据，它能够在远离防区1200千米处发现目标，并可以对自己的作战部队提供30分钟以上的预警时间，在这段时间里自己的飞机完全可以起飞，做好战斗准备，而一般的地面雷达预警的时间只有6分钟，对于低空高速进攻的飞机，预警时间只几十秒钟。所以说E－3A飞机是目前世界上性能最好的预警机。继E－3A预警机之后，美国又研究其他改进型，它的性能比原来的提高更多。20世纪60年代，苏联用大型客机"图－114"改装预警机，巨大的天线罩直径达11米。探测距离370千米。70年代，苏联用"伊尔－76"大型运输机改装成新一代预警机。

现代战争将是陆、海、空军同时参战的立体战争，各式兵器穿梭来往，军队调动频繁，导弹、飞机疾速飞驰，电子干扰手段繁多。光靠指挥员的眼睛识别判断敌我目标，指挥战斗是完全不可能的。预警机上装有敌我识别询问机，使用时询问机发出信号从天线发射出去，

瑞士预警机

我方目标装有统一编码的答应机，发出答应信号，询问机接到答应信号后，经过分析、鉴别，在显示器上显示出来。敌人目标或来历不明的目标没有统一编码的答应机，当然就不能回答，被列为攻击对象。

现代的预警机大部分都是利用机械扫描的方式，飞机背着一个圆形雷达天线，但它在扫描速度、跟踪多目标能力和可靠性方面还存在一定的缺陷。新型的预警机又改进成相控阵雷达，这种雷达天线可以布置在机身的两侧或机翼的下面，也有把它布置在飞机的背上，像一个平衡木一样。以色列就是利用这种新型的雷达装备预警机，瑞典也研究了这种新型的预警机，并且开始试飞，美国也利用 747 飞机改装，加上新型的雷达，现在正在研制之中。

空中坦克

——武装直升机

直升机是飞行器，但直升机不是飞机。直升机和飞机不一样，飞机是靠机翼产生升力，靠发动机推动前进；直升机是靠旋翼产生升力，同时也靠旋翼操纵，直升机和有固定机翼飞机的飞行原理有根本区别，因此，按科学、准确的说法，不能把直升机叫做直升飞机。中国古代有一种儿童玩具叫做竹蜻蜓，一根竹棍上端横方向装有一个类似螺旋桨的叶片，用两手一搓竹棍，竹蜻蜓就向空中飞去。15世纪，竹蜻蜓传入欧洲，当时欧洲人把这种玩具叫做"中国陀螺"。这种玩具就是当今直升机的雏形。直升机的发展历史，比固定机翼飞机还要早，然而直升机的发展历程，却是极其漫长而艰难的。1843年，意大利的伟大艺术家、科学家达·芬奇曾经绘制出一幅直升机的草图。以后的几百年中又出现了各种各样直升机的模型，一直到20世纪初，才出现了四个旋翼或是两个旋翼的直升机，并且实现了载人离开地面的愿望。一直到1939年，美籍俄国飞机设计师西科尔斯基研制出了第一架可用于实战的单旋翼直升机，当时这种直升机的型号是VS－300，后来又经过多次改进，交付美国陆军使用。随后德国海军也装备了直升机，进行海上侦察活动，后来美国又实验用直升机执行反潜艇任务。在朝鲜战争中，美军使用直升机进行营救、运送伤员和其他支援活动，由于直升机在战场上及时救护伤员，减少了伤员死亡的数量。1956年

"阿帕奇"

苏伊士运河冲突期间英国、法国军队都用直升机，增援了登陆部队。由于直升机的性能不断完善，在军事上的应用也日益广泛。但是被人们称作"空中坦克"，这还是在直升机加装了先进武器和采用了现代装甲，可以抵抗炮弹的攻击以后的事情。

美军在越南战场上先后投入了数千架直升机，不仅仅把直升机当作补给和营救的工具，而且还用于进行火力支援和机降。此后，在历次局部战争中直升机执行的任务很多，包括：反坦克、反潜艇、反军舰，它可以布雷，也可以扫雷，可以进行空中指挥、空中预警、紧急运输，还可以吊装物资等，完成各种各样的军事任务，并且都取得了良好的效果，充分显示了直升机独特功能，大量装备和使用直升机已经是现代战争的重要特征之一。

中国在20世纪50年代开始生产直升机，并且装备到了部队。后来经过改进，在80年代又开始生产新型的直升机，1986年，中国人民解放军正式成立了以直升机为主要装备的陆军航空兵部队。各国军队，都将直升机重点装备陆军，组成陆军航空兵。海军舰艇和海军陆战队也装备直升机。各国的快速反应部队也以直升机为主要运载工具。

1991年，海湾战争"沙漠风暴行动"中，有300多架直升机在伊拉克的幼发拉底河谷突然降落，美军101空中突击师4000名战士在武装直升机的掩护下从伊军的背后发起进攻，切断了入侵科威特的伊军的退路，配合其他部队，全歼了科威特境内的伊拉克军队。到目前为止，这是最大规模的一次直升机立体作战，它代表了现代陆军作战的新潮流。

经过多年的发展，现代武装直升机已经不再是简单的"直升机加武器"的模式。它要求有良好的突防能力，不易被发现，被发现后不易被击中，一旦被击中乘员能活下来。直升机备有火力强、精度高的多种武器，有先进的电子设备，能在复杂气象条件下执行任务，有高度机动飞行能力。武装直升机一般有两个乘员，一个是飞行员，一个是射击员。武装直升机最大平飞速度一般300千米/小时，作战半径为100～300千米，连续飞行的时间2～3小时。武装直升机有很多武器，大多数都挂在机身外部两侧的挂架上，也有在机身的前下方装有活动机枪或炮塔。瞄准设备和夜视仪器有的装在机身的头部，有的装在旋翼的轴顶上。

武装直升机装载反坦克导弹是反装甲作战的一个很重要的武器。现代战争中大量使用坦克、装甲运兵车、自行火炮作战，利用武装直升机反装甲十分有利，它比地面武器机动灵活。美国研究了一种装备直升机的高速导弹系统，一个发射器可以携带40枚导弹和一个激光雷达导弹。1秒钟之内就完成多个目标的探测、分类、识别和优先次序的选择，导弹装有跟踪控制系统，可以不受敌人的干扰，能同时向几个不同的目标发射几枚导弹。激光雷达导弹的最大射程可以达到6000米，速度每秒1500米，它有较强的击毁装甲目标的能力。

武装直升机还带有航空火箭，航空火箭是对地面部队实施火力支援的重要武器。它的射程一般在 1500～6000 米，口径也有很多种，从 57 毫米一直到 100 毫米范围之内。多弹头火箭弹，一个火箭弹有 36 个弹头，发射以后可以击毁装甲车辆。武装直升机上还装备有机枪和航炮，它是用来攻地面目标，也可以攻击空中目标。除此以外，它还装备有空对空导弹，这是对付敌人直升机的，属于自卫武器。

为了增强在战斗中武装直升机的防卫能力，现代直升机采用了很多抗弹击技术。在驾驶舱重要部位都用装甲防护，过去用防弹钢板保护驾驶舱等一些重要部位，但是这样就增加了直升机的重量，影响了直升机的技术性能。现在是采用一种新型的比钢板更加牢固的复合材料或是陶瓷材料，使得直升机抗弹击的能量大大增强。攻击直升机的机身主要部位能够承受 23 毫米爆破弹的攻击。旋翼的桨叶也是采用复合材料，它的抗弹伤能力很强，直升机的桨叶即使遇到了爆破弹击中也不会马上损坏，仍可继续飞行 30 分钟，在这种情况下它可以降落或采取一些措施，不至于马上掉下来。更重要的一点，就是武装直升机采用了多余度技术，所谓多余度技术的意思是采用多套系统，每样重要的装备都有备份，当其中一部出现了故障，另一部仍可工作，这样就可以承受连续两次弹击。比如，它的动力系统，操纵系统，燃油系

武装直升机

统，液压系统，着陆系统，地形跟随系统等等，都是两套。由于采取了这种多余度技术以后，直升机的性能就更加加强了。

直升机可以在空中飞行，也可以紧贴地面飞行，还可以在空中悬停，又可以不用机场随时随地起飞、着陆。可以实现隐蔽接近敌人，突然袭击，迅速转移，机动性能比坦克有过之而无不及，所以，无论武装直升机的武器装备、防护装甲、机动性这三方面来看，把武装直升机称为"空中坦克"一点也不过份，所以现在各国军队都在大量发展武装直升机。

俄罗斯研制的卡－50武装直升机有独到之处，它使用共轴双层旋翼，旋翼直径可以做得比较小，效率高，操纵性好。卡－50是世界上第一种陆军用的单人驾驶舱式武装直升机，一名飞行员，既是驾驶员又是射手。各项操作自动化程度较高，光计算机就有4台。驾驶舱有双层防护钢板，重350千克，防护能力比西方任何直升机都好。驾驶舱挡风玻璃能阻挡机枪的射击。这种直升机使用弹射坐椅救生，也是其他国家直升机所没有的。一般的战斗机都有弹射座椅救生设备，飞机驾驶舱上方没有阻挡物，很容易实现弹射救生，直升机则不然，驾驶舱上方有旋翼阻挡。卡－50的设计师是这样解决的，弹射时，先拉动引爆桨叶爆炸螺栓，炸掉旋翼6片桨叶，然后抛弃座舱盖，座椅靠背顶部的弹射火箭点火发射，最后驾驶员与座椅分离，得以逃生，整个过程仅6秒钟。

武装直升机非常先进，在作战中大量使用，但是直升机也是一个很复杂的装备，保养起来需要花费很大的代价。比如，装备25架直升机的直升机营，地面保养人员有240人之多。维护保养直升机的特种工具就有150多种以上。保养一架直升机。要4～10个保养工时。所以现代新式武装直升机在设计时，要求尽量减少零件数量，以求便于保养维护，使地面的维护人员进一步减少。

今后武装直升机的发展主要是加强材料研制，使材料更轻，抗损坏能力更强。另外还要装备夜视器材，保证在夜间和不良天气的情况下 24 小时全天候作战。在自动化方面还要加强，减轻飞行员的负担，单驾驶舱武装直升机是未来发展方向。各国正在研究新型的攻击直升机，要求武装直升机不仅可以用来攻击敌直升机，而且能够打战斗机，这对武装直升机的要求就更高了。

无机场航空

——垂直起落飞机

　　飞机起飞和着陆都得靠滑跑，随着战斗机飞行速度的不断提高，飞机起飞着陆的速度也有所提高，起落的滑跑距离也相应增长了。战斗机起飞滑跑距离多数在 1000 米以上，重型轰炸机需要达到 3000 米以上，所以现在大型机场跑道的长度都超过 3000 米。修建这么大的机场要占用很多农田，需要大量的人力和财力。战争中机场又是最容易被攻击的目标之一，为了适应未来战争的需要，当今世界各国的空军都面临着一个迫切的任务，使作战飞机摆脱对机场的依赖。因此，需要研究一种既有直升机特点而且具有高速飞行性能的垂直起降飞机。说起机场，现在很多兵器都把机场当作攻击目标，有一种巡航导弹是专门破坏飞机机场跑道的。它的破坏方式是当巡航导弹飞到机场上空时，扔下很多带着降落伞的小炸弹落到飞机跑道上，它能够产生很高的温度，可以把跑道的混凝土烧坏。烧坏了混凝土以后，它又发射一种火箭弹钻入地面以下爆炸，爆炸以后出现一个深 2 米，直径大约 5 米的弹坑。这些小炸弹里面还有一些定时弹，你无法预测它什么时候爆炸，所以也无法及时修复机场，当你修好了，它突然又爆炸了，这样就使得机场在一定的时间内完全丧失了作用。

　　从20世纪60年代起，北约国家就开始研制垂直起降飞机。当时也设计出很多方案，但是因为技术难度比较大，都没有成功。一直到70年代英国首先研制成功一种垂直起降飞机，叫做鹞式飞机，这种飞机研究成功了并且已经装备到部队使用。这种飞机怎样进行垂直起降呢？原来它的发动机有 4 个喷口，它们都在机身的两侧喷气，喷口可以转动，当喷口向下时产生的推力，可以使飞机垂直上升；当喷口向后时产生的推力就可以使飞机向前进。飞行员通过调整喷口的方向和角度就可以改变飞机的飞行姿态。这种飞机一般是不需要跑道的，有一块 35×35 米大小的空地就可以起飞或降落，像直升机一样，非常适合在面积比较小的岛屿或航空母舰上起降。垂直起降飞机不需要跑道，但是它也有一个缺点就是航速比较低。因为垂直起降耗油量比较大，它的作战半径比较小，攻击的威力比常规起降的喷气飞机或战斗机要小一些，它的时速是 1000 千米/小时，作战半径可以达到 100 千米左右。为了增大它的航程，减少油料的消耗和增加携带炸弹的数量，一般可采取 300 米跑道，短距离滑跑起飞，这样它的作战半径可以增大到 300～400 千米。

　　苏联也研究了垂直起降飞机，1975年就已经开始生产"雅克—

鹞式垂直起降机

36"飞机。这种飞机有 3 个发动机，其中一台是喷气发动机，主要是利用它来飞行的，还有两台是升力发动机，专门用它来起飞或降落。雅克型垂直起降飞机只在航空母舰上配备，它可以对地面和海上目标实施低空的侦察和攻击，并且对舰队也有一定的防空作用。这种飞机航速可以达到 1000 千米/小时，作战距离也可以达到 200～500 千米，它升高的高度能够达到 12000 米，这种飞机翅膀可以折叠，便于在航空母舰上使用。

世界上第一架垂直起降飞机是美国在 1954 年发明的。后来，美国又研究了一种可以垂直起降的飞机，但是它不是靠改变喷口方向垂直起降，这种飞机的名字叫做倾转旋翼式垂直起落飞机，型号"鱼鹰"。它的特点是，两台旋转式发动机装在两个翅膀的两端，当它在垂直位置时，和直升机一样，飞机就可以垂直起降或在空中悬停；当把发动机旋转 90 度，飞机就可以向前高速飞行，最大飞行速度可以达到 600 千米/小时左右，比一般的直升机速度快一倍。这种飞机比较适合于在航空母舰上使用。由于这种飞机耗油量比较小，比普通的直升机耗油量还要少，因而续航能力较强。

1982 年英阿马岛冲突中，英国特混舰队搭载 28 架"鹞"式垂直起降飞机，执行空中作战巡逻任务，出动 1100 多架次，为支援进攻出动 90 多架次，击落阿根廷飞机 23 架，表现十分出色。美国购买了英国的鹞式飞机，进行了改进，制成 AV—8 型飞机，英国又向美国买了 100 多架。1991 年，海湾战争中美国有 150 架这种飞机参战，在"沙漠风暴"行动的 86 天中，共出动 3300 多架次，投掷 2600 多吨炸弹，但被地面炮火击中了 5 架。现正在采取措施，提高飞机对抗红外制导导弹的能力，加强夜间进攻性能。

舰载垂直起降飞机的出现，可以大大减小航空母舰的甲板面积，也不需要弹射器和着舰阻拦装置，所以航母的吨位和造价大为降低。因此，轻型航母和垂直/短跑道飞机的组合深得各国海军的喜爱，英国、西班牙、意大利、印度等国都采用这种组合方式。一艘轻型航母的造价仅是大型航母的 1/8—1/9，看来这也是经济实力较弱的国家发展航母的一种趋势。不过在美国，海军和海军陆战队的意见不一致，美国海军和海军陆战队是两个独立的军种，陆战队对舰载垂直起降飞机很感兴趣，海军则把发展垂直起降飞机视为对其超级航母优越地位的一种威胁。为了协调矛盾，美国高级研究计划局负责新型战斗机方案，试图把先进的垂直/短跑道起落飞机和常规起落飞机结合起来。美英两国海军对这个计划都感兴趣，正在合作开发。

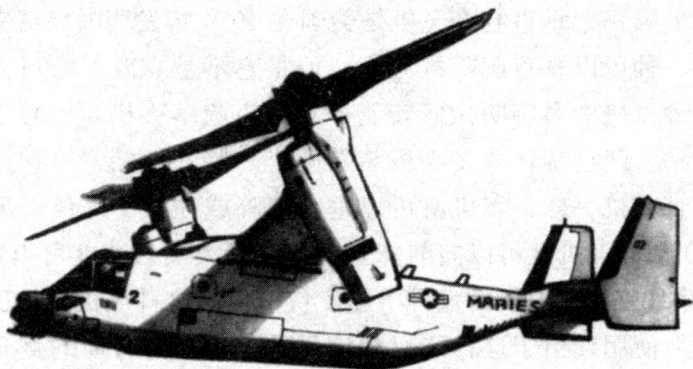

倾转旋翼机

发现等于摧毁

——精确制导武器

精确制导武器就是打得特别准的武器，具体说，是指直接命中率大于50％的导弹、制导炸弹和制导炮弹。精确制导导弹是依靠自身的动力装置推进，由制导系统控制飞行路线，并且导向目标的武器。精确制导导弹种类很多，有地空导弹、空空导弹、空地导弹、反舰导弹、反坦克导弹、反辐射导弹和巡航导弹等等。精确制导炸弹和炮弹还是要靠飞机投掷或是火炮发射，在接近目标时，导弹上寻找目标的装置以及控制系统可以根据目标和导弹的相对位置自行修正路线直到命中目标。

精确制导武器发展比较快，受到了军队的重视，精确制导武器的技术是比较复杂的，单发武器的成本高，但是它的作战效益更高。一枚"陶"式反坦克导弹造价1万美元，却可以击毁造价几百万美元的坦克；一枚不到50万美元的防空导弹可以击落造价几千万美元的飞机；一枚20万美元的"飞鱼"反舰导弹曾经击沉了一艘2亿美元的驱逐舰。虽然普通的弹药造价很低，但是完成同一个作战任务，普通弹药消耗量大，而精确制导武器消耗量极少，所以，用精确制导武器来击毁目标经济上还是划算的。

精确制导武器发展很快，在现代战争中几乎是"无导不成战"。在军事界还有一句话，按照现在精确制导武器的作用来看，只要这个目

有线制导导弹

标被发现，就能够被摧毁，即"发现等于摧毁"。精确制导武器分两大
类，一类是导弹，一类是精确制导弹药。导弹有几个很主要的特点：
一是它的射程远，世界上目前还没有任何武器在射程上能和导弹相提
并论。洲际导弹的射程都在 8000 千米以上，当射程达到 2 万千米时，
它就可以攻击地球上任何地区的目标。目前美国的洲际导弹射程已经
达到 13000 千米，俄罗斯的洲际导弹可以达到 16000 千米。巡航导弹
的射程也可以达到几千千米。二是速度快，导弹飞行的速度达到
20000 千米/小时，从发射到命中上万千米以外的目标只需要半个小时
左右。导弹可以在高空或是在外层空间飞行，那里几乎没有空气阻力，
所以它飞行的速度非常快，任何其他武器都无法和它相比。三是精度
高，误差很小，美国有一种中程导弹射程是 1800 千米，命中误差仅仅
是 25 米。在海湾战争中大量使用的巡航导弹，飞行 1000 多千米，它
的误差只有 10 米左右。四是威力大，导弹的战斗部可以装高能炸药，
也可以装核弹头。导弹核武器目前的威力已经相当于几千万吨的 TNT
炸药，比 1945 年投在日本广岛的那颗原子弹的威力要大几千倍。当时
投到日本广岛的那颗原子弹相当于 2 万吨 TNT 炸药。

导弹的种类也很多，分类的方法也不一样，一般来讲可以分成两

大类：一种是战略导弹，一种是战术导弹。战略导弹又分为成两种：一种是弹道导弹，一种是巡航导弹。战术导弹分为六种：地对空导弹、反坦克导弹、反辐射导弹、反舰导弹、空对空导弹、空对地导弹。在这些战术导弹里，反辐射导弹实际上就是反雷达导弹，是专门以雷达为攻击目标的。现在战场上雷达的使用越来越多，因为雷达可以起到侦察作用，所以在地面或舰艇、飞机上都装了各式各样的雷达。对付雷达可以采取电子干扰的办法，但这仅仅是被动的办法。最理想的办法就是把敌人的雷达击毁，这就要靠反辐射导弹了。反辐射导弹的特点是利用对方雷达发出的电磁波来寻找目标，导弹上装有雷达信号接收装置，可以接收到雷达发出的信号。这种导弹在飞机上发射，沿着雷达的波束飞向目标。在海湾战争中多国部队在战前 5 天发射了 600 多枚反辐射导弹，对伊拉克的防空系统构成了极大的威胁。伊拉克一打开雷达，就被摧毁，不开机又不了解情况，自己的部队就无法作战，只好对空盲目射击。这样既浪费了炮弹也暴露了目标，使得伊拉克防空部队始终处于被动地位，可见这种反雷达导弹的作用是非常大的。

　　精确制导武器第二类是精确制导弹药，它和导弹不一样，没有动力装置，自己不能飞，必须由飞机投掷或用火炮发射。但是它和普通的炸弹或炮弹也不一样，它有制导装置。以制导炸弹为例，制导炸弹又叫做灵巧炸弹，最早是在 60 年代由美国研制出来的。在越南战争期间，美国曾经使用过一种激光制导炸弹，只用了 3 枚炸弹就炸毁了一座大桥。在此之前曾经出动了 600 架次轰炸机，投了数千枚炸弹，还损失了 18 架飞机，但都没有完成任务，后来用了这种刚刚研制出来的灵巧炸弹，终于把大桥炸毁。海湾战争中，制导炸弹的命中率达到90％以上，效果非常明显。这种灵巧炸弹是利用激光制导，用激光制导首先要在飞机上发射激光来照射目标，灵巧炸弹上有一个接收装置，它可以接收目标反射回来的激光回波，利用反射的激光引导炸弹命中目标，所以它的命中率比普通炸弹高出许多。

　　灵巧炸弹还有一种制导方式叫做电视制导，事先要拍出目标的各个角度照片，当飞机进入了目标区以后，将摄像机对准了目标，舱内电视机荧光屏上就显示出了目标的影像，投弹以后电视引导头能够自动控制炸弹命中目标。这种炸弹只能在能见度比较好的白天使用。

在精确制导弹药里，除了刚才说的精确制导炸弹和炮弹以外，还有一种末敏弹药，又叫末端制导子导弹。利用炮弹或炸弹投放到目标区，母弹里有很多子导弹，离地面 150 米高度时，子导弹由降落伞悬挂，随着子弹头逐渐下降，它就可以自己选择目标，引爆炸弹以后破坏目标。这种末敏弹药最适合于攻击坦克，因为它是自上而下攻击的，对坦克顶部比较薄的装甲击毁能力很强。对于坦克来说，真是祸从天降。

由于广泛使用精确制导武器，对整个战争起了很大影响，使作战式样发生了变化。精确制导武器能够轻而易举地发现目标并且摧毁目标，所以对任何目标，被发现就等于被摧毁。因此，现代战争地面部队作战时，密集队形是不适合的，必须改变过去那种大兵团作战的模式，采取分散机动的作战方式。由于反坦克导弹的使用，使坦克在地面作战中的作用受到严重挑战。用大量坦克冲锋的战术也不灵了。导弹打得远，使现代战场没有前线与后方之分，战场扩大了许多。

过去一些发达国家以实力强大的海军来推行它的霸权主义。但是现在由于有了精确制导武器，有可能在现代的海战中利用精确的制导武器以小胜大，以弱胜强，小艇也可以击沉大军舰，这在实战中已经得到证明。所以不能单纯以军舰的吨位数来判断军队实力的强弱，从而改变了海上兵力对比的概念。

现代战争是立体战争，过去谁的空军实力强就可以掌握制空权，发挥空军的优势。现在由于有了精确制导武器，这种情况也随之发生了变化。也就是说，仅仅靠飞机数量多来掌握制空权已经不可能了。在第四次中东战争中，埃及用导弹和高炮组成严密的火力屏障，3 天中击落以色列飞机 80 余架，其中 70% 是用导弹击落的，使以军飞机无法进入埃及领空。

"爱国者"导弹

　　由于精确制导武器的发展，使得部队机动、部队生存、协同指挥及各种后勤保障都产生了更大的困难。对于精确制导武器有没有办法来对付呢？任何武器都会有战胜它的对策。首先要掌握这种武器的特点和弱点，比如，精确制导武器有时由于设计不合理，自动寻找目标容易出现难辨敌我的情况，容易引起误伤。另外，这种武器的价格都很昂贵，耗资巨大，在错综复杂的战场上，它所发挥的作用也并不都像想象的那么好，高价武器消灭低价目标，得不偿失。对付这种武器首先要及时采取措施，经过侦察及早发现，坚决摧毁，使它不能发挥作用，这是最根本的办法。但是这样做有赖于侦察、通信、指挥各个环节的密切配合。还有一个办法就是适时干扰，因为现在的精确武器都要制导，需要各种信息引导，如果能想办法破坏接收信息的条件，可以使得它的制导失去作用。最后一点是采取隐蔽伪装措施，利用地形及各种方式隐蔽自己，设置很多假目标来欺骗敌人，在现代战争中这些办法仍然可以起很好的作用。

效率之神
——军队自动化指挥系统

海湾战争中，多国部队在海湾地区集结了 70 多万军队，3000多架飞机和4000多辆坦克、装甲车。这么庞大的军事力量，分散部署在广大的地区，要实现海、陆、空多军兵种联合作战，如何协调、指挥是个十分复杂的问题。海湾战争提供了一次现代战争的实验机会，再一次使人看到指挥自动化的必要性和重要性。

现代战争中，军事行动速度加快，规模增大，紧张程度提高，敌对双方争斗极其激烈，传统的指挥方法和设备速度慢，效率低，准确性差，没有办法在战场瞬息万变的情况下，在最短的时间内获取和处理大量的信息，实现适时而有效的指挥。单纯依靠提高指挥人员的智力和体力水平已经不够了，必须把提高指挥人员的素质与采取新的指挥手段相结合才成。现代战争中，军队指挥自动化就是在军队指挥系统中以电子计算机为核心的技术装备与人员相结合，构成一个多功能的统一的系统，提高军队指挥的效能，最大限度地发挥部队的战斗力。军队自动化指挥系统的作用相当人的耳目和中枢神经。

从 1953 年开始，美国提出了军队指挥自动化，并且进行了大量的研究。以后苏联、西欧、德国、日本等国也都在研究和装备了军队自动化指挥系统。军队指挥自动化系统在美国叫做 C^3I 系统，这个字是由 4 个英文词的词头字母组合成的。这 4 个英文词有 3 个是以 C 开头，所以用 C 的立方符号，还有一个以 I 开头，它的含义是：指挥、控制、通信与情报，简称 C³I 系统，中国叫做军队自动化指挥系统。

C³I 包括三个组成部分：第一是探测预警部分，它主要用于情报搜集和对外军事情况的监视，包括侦察卫星、预警卫星、侦察飞机、预警飞机、地面预警雷达、无线电监听设备以及其他各种公开和秘密的情报搜集和监视手段。第二是通信部分，包括卫星通信、地面、空中和舰艇通信，既有无线电通信也有光纤通信等多种通信手段，保证上下左右信息畅通，安全保密，抗干扰。第三是指挥中心部分，从最高司令部到基层作战分队的指挥机关，通过通信手段的连接，构成军队的指挥控制网，是情报的汇集、显示，又是决策命令的发出点，计算机在这里起着核心的作用。

军队自动指挥系统的特点主要体现在：能够快速搜集情报，分析处理大量的情报，并且传送给指挥中心，使指挥员掌握情况，确定对策。现代战争使用的武器种类、型号繁多，计算机要存储大量信息，需要时为指挥员提供各种数据。计算机还要具有一定的分析判断能力，协助指挥员拟订作战方案，进行方案比较并确定最佳方案。

军队自动指挥系统的应用，首先是搜集情报，分析情报。现在搜集情报有很多手段，可以作到全方位、全天时覆盖。侦察卫星是当前

"大鸟"侦察机

最先进的获取情报的手段。根据不完全统计，美国和苏联自20世纪50年代以来，前前后后发射的各类侦察卫星超过1000颗。就前苏联来说，它几乎每年要发射30～40颗侦察卫星，平均每10天就发1颗，再通过各种侦察手段把地面的情报搜集到总部，然后进行分析。美国曾经发射出很多侦察卫星，目前美国的照相侦察卫星已发展到第6代，白天、夜间都可以拍照。每张照片可以覆盖180×180千米的地域，地面分辨率为0.3米，就是说2米左右的东西能够在照片上分辨出来。

除照相侦察卫星外还有电子侦察卫星和海洋监视卫星。侦察卫星代价较高，无人驾驶侦察机体积小、重量轻、价格也比较便宜，它可以在1000米高空用电子摄像机来侦察地面情况。无人机可减少人员伤亡，越南战争期间，美国使用无人驾驶侦察机进行3000多次侦察，只有200架没有返回，等于少损失200名驾驶员。另外还可以利用空中预警机、雷达探测技术、无线电侦听技术、战场监视和传感器技术及炮射电视等等各种手段搜集情报。把大量的信息搜集到以后再用电子计算机分类、识别、存储、估价，根据情报分析，最后向指挥员提出建议。分析这些情报必须破译敌方的密码，因为敌方的无线电信息都要用密码保护。过去破译一种密码大概要花几天或几小时时间，现在有了电子计算机只要几分钟或几秒钟就可把敌人的密码破译。大量的情报能够很快地在电子计算机里进行分析，提高了工作效率。

得到情报以后，要向上下左右通报情况。由于现在信息传输技术发展很快，除了采取无线电和有线通信以外，还有卫星通信和光纤通信等新的技术。卫星通信就是通过卫星反射或发射无线电信号，实现地球远距离通信，或者是地球和航天器及各种卫星上的通信。卫星通信容量大，距离远，覆盖面积也很大，通信的方式灵活机动，信息的传播稳定可靠。光纤通信是利用光导纤维传输信息的一种新的通信手段。它的优点是重量轻、体积小、传输的信息量大，特别是抗干扰性好，具有很好的保密性。各种通信手段结合起来组成了一个网络，这样就保证通信快速、准确、保密而且不间断。

卫星通信

在海湾战争中，多国部队利用最先进的通信手段，包括自动电话网、自动数字网和自动保密话网。整个网络有 7 万条线路，把遍及五大洲的 75 个国家和地区的 3000 多个指挥所、台站联系起来，通信保障工作使得各个部队之间协调一致。战争期间，作战的高峰期一天就有 70 多万次电话呼叫，还有 15 万次的电文传递，除此以外，还要管理无线电话不受其他用户干扰，工作量如此之大，如果没有先进的通信网络技术是难以想象的。

有了情报，有了通信，关键问题就是作战指挥了。

情报经过分析整理后，有文字，有图形，也有的是图像。指挥员根据这些情况作出判断，再定下决心，战争怎么打。由于信息量很大，必须要有一个数据库分类存储，需要时能够在很短的时间内把信息调出来。根据这些情报制定作战计划，选择作战方案。在选择作战方案时，由于计算机能力很强，可以在计算机上进行各种方案的比较，看哪种方案最好，再确定最佳方案。然后下达命令，把作战意图传达给各个参战部队，实施作战计划。另外一方面指挥中心还要对武器进行控制，也就是说要发挥武器的作用。由于现代战争使用的武器速度都很快，威力大，杀伤力强，精度高。在作战中往往需要在很短时间内改变作战方案，因此，必须要有一个自动化的系统来指挥，否则就丧失了战机。指挥中心还要做好作战的后勤保障工作，因为现代战争消耗弹药和油料等物资数量很大，所以需要一个很庞大的后勤系统来支持。在作战以前还要进行作战的模拟训练，目的是使参战人员熟悉未来作战地区的情况以及了解可能遇到的问题，这样在作战时就可以做到心中有数。

在现代战争中，C^3I 系统往往是被攻击的首选目标，在战场上，设法干扰、摧毁敌人的 C^3I 系统，千方百计保护自己的 C^3I 系统，这就是现代信息战的精髓。

第三打击能力
——电子对抗

自从电子设备在战争中大量使用以来，就出现了电子对抗，有的时候也叫做电子战。电子对抗就是在战争中，敌对双方用电子设备或电子器材进行电子斗争。电子对抗包括：电子侦察、电子进攻、电子防御三大组成部分。

第一部分是电子侦查，目的是查明敌方的电子系统所在的位置、类型、用途和工作特征。

第二部分是设法干扰和欺骗对方的电子设备，采取电子对抗办法或者是利用反辐射武器直接摧毁敌方的电子设备。所谓直接摧毁的办法叫做硬杀伤，破坏它的设备让它不能工作或使它工作受到限制，叫做软杀伤。

第三部分是电子反对抗，就是设法保护自己的电子设备，使设备不受敌人的破坏及干扰，保证自己的电子设备能够正常地发挥效能。

进行电子战首先要弄清敌情。用什么手段查明敌方的电子系统？主要靠专用的电子侦察装备。侦察的目标是：敌方的雷达、无线电通信、导航、遥测遥控设备、武器制导设备、电磁干扰设备、敌我识别装备，以及光电设备等等。电子侦察装备发出无线电信号，进行搜索、截获、识别、定位和分析，确定这些设备的类型、用途、工作规律、所在的位置以及其技术性能。了解情况的目的是为自己的部队提供实施电子干扰或摧毁行动的依据。地面侦察可以利用侦察卫星、侦察飞机、侦察船、侦听站以及其他一些侦察设备。

电子侦察分为平时侦察和战时侦察。平时不间断地进行侦察活动，获取情报，积累资料，以备战时需要。战时进行现场实时侦察，及时获取情报。侦察都是一种秘密活动，不能让对方发觉，因此，侦察设备都是保密的、隐蔽的而且作用的距离比较远，覆盖的面积要比较大，要求及时、准确。目前的电子侦察设备都是利用计算机自动控制、自动操作、自动分析情况。

战时，对侦察到的目标要采取干扰或破坏措施。办法非常多，举例说，对敌方通信可以采取压制性干扰的办法，在敌方发出通信信号时，我方也发出一种功率更强的干扰性信号，造成对方的无线电通信信号不清或使无线电报差错率达到 50％以上，甚至使敌方的无线电通信中断。还有一种办法是欺骗性干扰，假冒敌人的电台，发出无线电信号进入到敌人通信网中，发出一些假情报，让敌人受骗上当，这样就破坏了敌人的通信联络和作战计划。

现代战争中大量使用雷达。为了干扰敌方的雷达，最简单也是最经济的办法就是使用"箔条"进行干扰，箔条是用金属或塑料上镀了一层金属薄膜，制成小的细丝、箔片或条带。这些箔条能强烈反射电磁波，当把大量的箔条投放出去，可以在空中飘浮很长时间，对雷达发射的电磁波产生强烈的反射，敌人在雷达显示器上看到很多杂乱无章的回波信号。掩盖了真实目标的回波，使雷达不能发现目标，或者造成一些假象欺骗敌人。箔条是从第二次世界大战以后大量使用的，效果非常好。箔条的厚度仅仅有 10 微米上下，宽度通常是 0.05～0.4 毫米。它是利用一些比较轻的金属或反射性能好的金属，比如将锌、银等等金属涂在玻璃丝、尼龙丝或碳纤维上，有的还把箔条做成空心的或是充气的形状，总之，要求箔条在空中飘浮时间长，下降速度慢，一般要求在高空下降速度每分钟是 60～180 米，在低空每分钟下降 25～70 米。铝制箔条又轻又薄，停留在空中的时间能够达到数小时。箔

通信干扰机

条必须大量投放才有意义，根据统计，1943 年英国对德国空袭，为了防止敌人发现自己的飞机，在轰炸汉堡战斗中，英国一共投放了近 40 吨约 9200 万根箔条，使敌人地面的雷达迷盲，防空系统完全瘫痪。英国轰炸机的损失大大减少，这次空袭开创了现代战争中大规模使用箔条干扰的先河，后来在很多次战争中都曾大量使用箔条。

对付雷达最好的办法，就是利用反辐射武器，包括反辐射导弹和反辐射无人驾驶飞机。反辐射导弹是专门对付雷达的，发出去以后它可以根据雷达发射的电磁波来寻找目标，并且把雷达摧毁。但是这种反辐射导弹也有缺点，只要敌人雷达一关机它就找不到目标了。现在又发明了一种有记忆功能的反辐射导弹，当它发现了雷达后，可以把雷达的方位记录在导弹的电脑里，即使雷达马上关机，它仍可利用记忆功能找到雷达，并把雷达摧毁。

反辐射无人驾驶飞机就更灵活一些，它可以在空中巡逻，在飞行的过程中发现雷达，然后再对它进行进攻。雷达如果关闭，它可以在天空巡逻一定的时间等待。由于飞机体积很小，机身的长度和机翼长度只有2米左右，并采用隐身技术，生存能力很强，不容易被发现。所以现在很多国家都在研究并且制造无人驾驶小飞机，它可以在空中续航10个小时左右，不断地寻找雷达，只要雷达在工作，就可以把雷达消灭。

传统的电子对抗技术是敌对双方利用电子设备直接较量。计算机病毒对抗是随着计算机广泛使用应运而生。它的攻击对象是计算机。现在电子设备几乎都离不开计算机。大家都知道，计算机如果有了病毒以后，就不能够正常工作，而且它还能够传染给整个系统，电子系统受到病毒感染后就会全面瘫痪。所以，现在计算机病毒已经成为一种强有力的电子战工具。作为一种电子进攻的手段，它隐蔽性强，传播快，价格也比较低，后果非常严重，所以很多计算机软件专家都参加了研究。在海湾战争中，美国已经运用了计算机病毒破坏伊拉克的武器装备。据说美国的间谍把一种带有特殊病毒的计算机芯片插入伊军的巴格达防空计算机系统中，使得伊拉克军队司令部计算机运作失灵。从这个例子来看，说明计算机病毒具有很大的危险性。

怎样对抗计算机病毒，已经成为一种新型的电子对抗技术。目前，新的病毒不断出现，同时杀毒软件也在不断发展。计算机病毒有6种类型：潜伏型，平时不发作，一旦满足约定条件，立即起破坏作用。暗杀型，专门销毁计算机中某一组文件且不留痕迹。隔离型，使计算机自动关机，系统瘫痪。超载型，自动复制文件，大量占据内存，使计算机不能正常工作。间谍型，按命令窃取作战文件并转发到指定地

箔条干扰

点。矫令型，有意错报敌方的命令，扰乱敌人行动。病毒与杀毒你来我往，争斗不止。真是魔高一尺，道高一丈。军事部门对病毒与防御病毒的研究必须同步发展，对军用软件要由专门机关加强检测管理，防止敌人钻空子。在计算机中加上防病毒卡，自动检测并消除病毒，还要特别重视计算机网络中避免受病毒感染。现在，像通信、资料等大都是军用、民用联网，信息共享。这种网络也最容易传播病毒，因此，军方要权衡利弊，谨慎从事，不要因小失大。

1980 年，美国组织一批计算机专家组成了一个小分队，以美国空军某个指挥网络系统作为假设敌，用计算机病毒方法进行实验性攻击，结果仅仅用了几小时，病毒就把对方的武器系统破坏了，所以把计算机病毒作为一种电子对抗的进攻性武器，今后肯定会有很大的发展。

在现代战争中由于电子设备的大量使用，一方面是设法干扰、欺骗、破坏、击毁对方的电子设备，这都属于电子进攻。但敌方同样也要采取很多办法来破坏我方的电子设备，所以要采取电子防御的办法来保护自己的设备不被破坏。拿通信来说，可以采取很多办法加强自己通信保密性和快速传递及抗干扰能力，办法大概有十儿种。比如：数字通信，就是在信号里加上密码，通信保密性就加强了，尽管敌人可以破译，但是，破译要很长时间，不像普通密码那样在很短时间内就可以破译。现在利用计算机破译密码的技术发展得很快，应该说任何密码都是可以破译的，但总要花时间。如果对方破译的时间很长，也能够起到保护己方通信的作用。比如，有一种密码保证在 6 昼夜之内破译不出来，等你破译了，事过境迁，已经不起作用了。有的密码，即使用很快的计算机破译的话，也要破译几百年或成千上万年才成。还有的密码，如果得不到秘钥，你永远也破译不了，这样使得数字通信抗干扰能力就加强了。

还有就是运用新的通信手段，如激光通信、光导纤维通信、微波接力通信，这些通信手段的保密性和抗干扰能力都很强。其中还有一种叫做流星余迹通信，这种通信方法是利用流星进行的。流星进入空气层以后，与空气发生激烈摩擦，最后烧掉了。在燃烧的过程中出现了汽化电离现象，形成几十千米长的电离气体柱，这种电离层是反射无线电波的。利用这个电离层可以进行远距离通信，通信的距离可以达到 1500～2300 千米。流星余迹通信方向性很强，地面接收的范围很小，所以对方很难破坏。根据实验，如果侦察者在距离通信设备 200 千米以外，他要想截取信息的可能性仅仅只有 1%。所以，这种办法抗干扰性很强。有人可能会问，平时看到的流星并不很多，如果没有流星怎么办？请放心，根据天文观测，每天大约有 80 亿颗流星堕入大气层，白天我们根本看不到，夜间看到的也仅仅是少数较大的流星。因此，目前许多国家很重视这种新的技术开发和利用。

为了防止自己的雷达被敌人破坏，也有很多办法。比如，现在发展一种叫做多基地雷达，是把发射雷达的台站和接收雷达的台站拉开一定的距离，这样敌人即使发现雷达站，也不能把整个雷达站破坏掉，

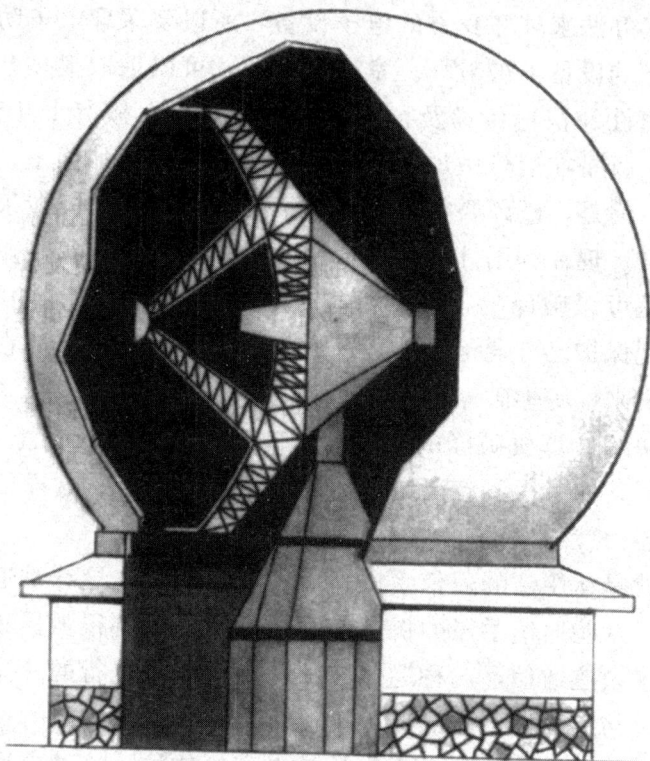

雷达

增加了敌方攻击雷达目标的困难。

由于电子战发展很快，作用很大，所以把它称作第三打击能力。前两个能力一个是火力，一个是机动，可见，把它放到了非常重要的位置。也有的人把电子对抗叫作第四战场，把它和陆、海、空中战场并列。

钢铁士兵
——军用机器人

1920 年，捷克作家卡雷尔·查培写了一部幻想剧，名字叫做《罗塞姆的万能机器人》，在捷克语里，机器人这个词发音"罗伯特"，所以现在很多国家仍把机器人称作罗伯特。罗伯特是被压迫的劳工或奴隶的意思，剧本中描写了一群机器人代替人类从事很繁重的劳动，给全人类创造了更美好的生活。这种机器人有自己的思想，但没有感情。后来这些机器人起来造反，把人类都消灭了，建立了以智能机器人为基础的新文明。这个故事很有趣味，同时也发人深思。后来有一些科学家受到启发，认为机器人是可以造出来的，后来人们在这方面进行了大量的研究。果然造出各式各样的机器人，当然，也造出了军用机器人。

1942 年，美国著名科普作家阿西莫夫发表了一篇关于智能机器人的小说《规避》，在小说里他描述了规范智能机器人行为的三个法则，也就是说，人们在设计机器人时应该按照这三条规则办理。第一条，机器人不能伤害人，在机器人出故障时，允许人进行修理和拆卸；第二条，机器人必须遵循人的指令，但不执行有害于人类的命令；第三条，机器人必须保护它们自己，但是保护自己同样不能伤害人，也不能不听从人的指挥，即在听指挥不伤害人的情况下保护自己。这三条规则虽然是小说里的描写，但是后来真的成了设计机器人时，必须掌

机器人

握和遵循的原则，因为，作家的设想是非常有道理的，否则，真可能有一天人要和机器人发生战争，而人类很可能是战败者。

自从20世纪50年代以来，人们已经制造出了许多机器人，据不完全统计，现在世界上的机器人大概已经有上百万个之多，并且每年还以很高的速度增长。现在还可以用机器人来制造机器人，这样生产机器人的数量越来越多。机器人制造出来以后就引起了军事界的重视，觉得机器人用在军事上有很大的潜力。因为机器人的能力在有些场合下超过人的能力。现在战场上有很多危险的工作，比如排雷，随时有爆炸的危险，如果用机器人去排雷就减少了人从事这项工作的危险性。此外，在军事上还有很多笨重的劳动，比如，搬运炮弹，如果用人来搬的话，即使有很强的体力，也难以坚持很长时间，但是用机器人来做这些笨重的工作，它不吃不喝，不怕累，而且保证很好地完成任务。现代战争有可能使用化学武器、细菌武器，如果派士兵去消除污染也是很危险的，用机器人来做最好不过。所以，机器人在军事上的应用大有潜力，现在各个国家都在大力发展军用机器人。

自从1961年美国生产出第一个实用机器人，到现在已经发展了3

代。第一代机器人比较简单，只能做一些很简单的重复性动作。第2代机器人开始有了点"感觉，它在人的控制下，可以做一些稍微复杂的工作。比如，潜水机器人，它可以潜到水下打捞水下的东西，或者是在危险环境下工作。机器人虽然也叫人，但它的样子并不是像人想象的和人的形状一模一样。无人驾驶飞机是机器人，无人驾驶坦克及遥控的小汽车也叫做机器人，它们模样和人是完全不同的。第3代机器人叫做智能机器人。它具有的功能和人很相像，比如，有眼睛能看东西，其实就是摄像机。有耳朵可以听，还有一定的思考能力。它不仅仅能够从事繁重的体力劳动，而且还有判断力和分析力，比如，在行走中遇到障碍时，它就可以绕开。因为机器人是用钢铁制作的，刀枪不入，它不知道疲劳，不吃饭，也不生病，只需要能源，电能或其他能。它可以高效率地工作，所有这一切，人是无法和它相比的。

机器人有很多品种，军用机器人可以分成三大类。就像军队有陆、海、空军一样，军用机器人也可以这样来划分。一种在地面活动的机器人，一种是在空中活动的，还有一种是在水上或水下活动的。

陆上军用机器人在开始阶段，形状的大部分都像一部遥控车。早期美国研究的火蚂蚁机器人，实际上就是一种遥控车，价格很便宜，重量大约680千克，里面装有很多炸药，操纵手在远处控制。遇到坦克后，通过操纵引爆炸药和坦克同归于尽，还有一种是上面装有机枪的无人驾驶遥控车，可以通过操纵发射机枪子弹。稍微先进一点的，有一种是美国研制的上面装有各种传感器，摄像机可以观察，无线电可以通信。操纵手大约在30千米以外的地方控制，这种叫做"觅食兽"的遥控机器人，实际上是一部遥控车辆，上面还装备机关枪、导弹、火焰喷射器等武器。发现目标以后报告给操作手，操作手控制它向敌人发起攻击。

还有一种机器人可以排除爆炸物，如地雷和没有爆炸的炸弹。这种遥控机器人也叫做遥控车辆，它的缺点是，靠电线来控制，如果电线被切断，它就不能工作了，另外它的动作比较缓慢，容易被敌人发现并摧毁。遥控机器人必须由人来控制,当操作手受伤或牺牲,这个机器人也就不起作用了,所以后来又研究发明了自主式的机器人,利用计算机来控制,让它按照规定的程序作出反应,并参加作战行动。

自主式机器人可以进行侦察和完成其他作战任务。自主式机器人形状也像一部车,有履带式也有轮式。和人驾驶的车辆一样,它的活动受到地形条件的限制,车不能爬山,遇到有一定高度的障碍不能越过,在沼泽地不管是轮式或履带式的车辆都很难通行。所以车型机器人有它的局限性,根据军用车辆专家研究统计,在地球的陆地上只有30％的地区,轮式车辆可以通行;履带式车辆要比轮式的通行能力强一些,但是也只有50％的地区能够通行履带式车辆,也就是说,还有50％的陆地,任何车辆都难以通过。为使机器人能在任何地形条件下行走,甚至能够翻山越岭,必须研究一种长腿的机器人,有四条腿或六条腿的机器人。这样,行动起来比轮式或履带式的机器人稍微好一些。当然最先进的机器人应该是两条腿的,现在日本在研究两条腿走路的机器人。以行走方式活动的机器人,将是未来机器人重要的发展方向,但这里面也还有很多技术问题需要解决。

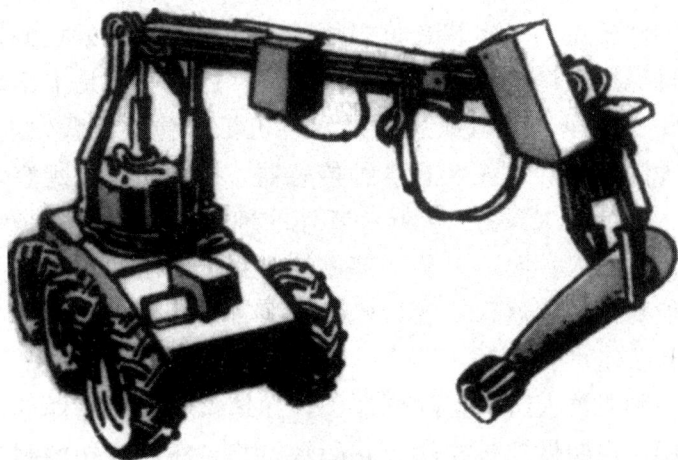

排雷机器人

目前，空中用的军用机器人也有很多种，比如，遥控飞机、空中诱饵等。空中诱饵是用来欺骗敌人导弹的无人驾驶小飞机，当敌人导弹袭来时，把这种小飞机发射出去引诱敌人的导弹，它以牺牲自己来保护军舰或其他目标。如果在飞机上发射，把导弹引开，就保护了飞机。还有一种叫做攻击型机器人，也叫做自杀性遥控飞行器，它带着炸药，可以攻击敌人的雷达，它本身就是一种兵器。巡航导弹也可以认为是一种飞行机器人，是一种很厉害的武器。机器人还可以放到宇宙空间，用来攻击别国的卫星或导弹。

海军机器人也有很多品种，有一种叫做机器人深潜器，这种深潜器的作用是在海里完成打捞任务，也可以完成救援、搜寻等任务。比如潜艇出了事故，就可以派深潜机器人来援救，如果鱼雷发射出去没有爆炸，可以用机器人深潜器来回收。1986 年美国曾经发射过一架航天飞机叫做"挑战者"号，由于事故，升空以后就爆炸了，碎片掉到大海里，为了查明事故的原因，派机器人深潜器到水下打捞"挑战者"号的残骸。因为航天飞机有火箭发动机，如果用人去打捞是非常危险的，稍有不慎很可能引起燃料爆炸，用机器人来代替人做一些危险性的工作可以减少人员伤亡。

大家都知道英国有一艘著名的豪华邮轮叫"泰坦尼克"号，在去美国途中因撞到冰山而沉没。沉到了大西洋 3810 米的海底，后来为了观察这条沉船，曾经从潜水艇放下深潜器，由深潜器上面携带的摄像机对"泰坦尼克"号进行拍摄，深潜器是由一条电缆线连接遥控指挥。在海军工作的机器人还有一种叫做猎雷器，它可以发现水里的水雷，同时还可以把水雷引爆，这种危险性的工作最好用遥控机器人来做。

人造北极星

——卫星定位系统

　　海湾战争期间很多美国军队调到了海湾前线，圣诞节前夕，这些美国军人的家属纷纷采购圣诞节礼物，寄给他们在前线的亲人。在圣诞节里最受欢迎的礼物是一种 GPS 接收机。这种接收机像手机那么大，小巧玲珑，在战场上它可以根据卫星发出的信号确定自己所在的位置，起到定位和导航的作用。由于海湾地区的沙漠比较多，在野外作战时没有明显的地物可供参考，很容易迷失方向。有了这种接收机随时可以判断自己的方位，对行军作战非常有利。一旦被敌人包围，或飞机被击落，士兵可以通知自己人前来援救。所以，美军的家属大量采购 GPS 接收机作为礼物送给前线的亲人。从这个小小的 GPS 接收机作为圣诞节的热门礼物可以看出，采用新技术体现出来的作用。

　　提起导航，要从古代航海谈起，古代航海家在航海时是利用日月星辰来判别方向。用星体来导航叫做天文导航，但是遇到阴天下雨就不能使用，后来发明了指南针，弥补了天文导航的缺陷。自从人造卫星出现以后，科学家们很自然地想到，卫星也是一颗星，而且每天都在头顶上转，如果用卫星来导航，应该是一种很合适的方式。早在1958 年美国就开始研究卫星导航，到 1964 年研究出第一代导航卫星，叫做子午仪导航卫星。这个系统包括 6 颗卫星，在不同的轨道上围着地球旋转。当接收机接收到卫星的信号后，可以测算出自己的位置。

这种系统大约每一个半小时有一次观测机会，确定地面位置的误差是40米，主要供舰船和潜艇导航使用。因为船只在大海上航行，定位误差40米对舰船来说已经相当不错了，导航卫星研制出来以后受到了海军的欢迎。但是这种卫星也有不足之处，由于卫星轨道比较低，大约在1000千米，寿命比较短，卫星数量少，不能连续地导航，所以后来又研究了更好的卫星定位系统。

子午仪导航卫星是提供导航服务的，属于第一代。现在已经发展到了第二代，就是全球定位系统，英文缩写为GPS。全球定位系统是美国国防部发射的一种卫星无线电定位导航与报时系统，这个系统由三部分组成，一部分是卫星，一共有24颗同时在空中运转，它分布在6个轨道上，这就保证在地球上各个地方都能收到卫星的信号。

第二部分是地面台站，卫星在运行中地面台站对它进行不断地测量，同时把导航数据输入到卫星里。

第三部分是用户部分，用户有一个GPS接收机，接收卫星的信号，就可以确定自己在地球上的位置，用经纬度来表示。

由于卫星的数量比较多，分布也比较广，保证在地球上任何地点的用户，利用卫星接收机可以同时接收到4颗卫星发布的信号。根据4颗卫星发布的信号就能够很准确地计算出用户在地球上的位置。美国发射定位卫星主要是为了军用，同时也兼顾民用。为此，它发出两类信号：一类信号叫做精码，精确的导航数据，专供军用；另一类叫粗码，精确度较低，供给民用。接收精码信号，确定地面位置的精度可以达到3～5米，接收粗码，定位精度只能达到20～30米。目前，世界上很多国家都可以生产GPS接收机，为了保密，美国对自己国家的军队发的信号是带密码的精确信号，其他用户包括美国以外的用户只能接到粗码信号。尽管粗码精度已经降低了，美国还嫌不够，又采取了一些措施降低粗码信号的定位准确度，所以一般用户，接收到美国的定位卫星的信号，定位的精度只能达到100米左右。

由此可见，美国发射定位卫星虽然全世界任何国家都可以使用，

全球定位卫星

但是由于它在技术上采用了保密措施，所以别的国家使用时，定位的精度较低，而它自己国家的军队使用时定位的精度高。一旦打起仗来，美国还可能进一步降低民用导航卫星的定位精度，甚至可能关闭卫星信号，目的是不能让敌方得到利用。因此，不能单纯依赖这种卫星作为自己国家军队的车船、飞机导航使用。目前许多国家，特别是俄罗斯和欧洲的一些国家，都在研究并发射自己国家能够控制使用的卫星定位系统。

全球定位系统的应用范围是很广的，在军事上，各种交通工具都可以用。它还可以用在行进中的舰船、飞机和车辆上。边航行，边接收信号确定自己的位置，这种导航方式叫做动态导航。第一代卫星就做不到这一点，接收机只能在固定的情况下使用。

由于电子技术的发展，可以把地图进行数字化存到微机里。当把电子地图和卫星定位结合起来使用，对军队作战行动就更加方便了。因为卫星定位只能确定用户所在地点的位置，也就是经纬度。而在地图还可以看到地面的地形等许多情况，把电子地图和 GPS 接收机结合使用的设备已经研究成功。可以把它装到飞机或汽车上，在荧光屏上显示出地图，同时把自己的位置也显示在地图上。汽车边行走，代表汽车的光点就在电子地图上移动，随时随地都可以知道自己在地图上的位置，这对作战或行军都很方便。另外，由于电子技术的发展，GPS 接收机的体积可以造得很小，甚至于可以把它放在自动导航的武器里，比如巡航导弹。导弹安装卫星接收机，可以自己定位，自己寻找目标。无人侦察机装上 GPS 导航接受机，也可以很精确地确定目标的位置，这样就更增加了侦察的准确性。甚至于在侦察卫星上也可以放上 GPS 接收机，这样它就可以不断报告自己的位置，以及它所侦察到的地面目标的准确位置，为武器的攻击提供了可靠的依据。GPS 接收机在军队中应用非常广泛，不仅用在各种运动的车辆、舰船、飞机上，而且每个步兵都可以佩戴这种接收机，作战时能够准确地找到攻击目标，不会迷失方向。这也是美军家属把它当成圣诞礼物送给军队中亲人的原因，军队不可能给每一个士兵都配发 GPS 接收机，数量太多了，只好由家人掏腰包。

GPS 接收机除了军用以外，在民用方面也有很大价值。如前面说的用在导航定位方面以外，它还可以应用在地面的测量工作，因为它可以测出地面点的经纬度，根据测量的结果可以制作地图。现在还把卫星定位系统用在预报地震方面，因为它测量的精度比较高，可以确定地球上的板块移动的大小，根据板块的移动，判断这个地区会不会发生地震。除此以外，在很多科学研究领域 GPS 接收机都能起到作用。所以现在卫星定位系统发展得很快，除了美国发展了卫星定位系统以外，俄罗斯也发射过类似的卫星，它的卫星定位系统缩写名字叫做"哥列奥纳斯"，和美国全球定位系统有相似之处，主要是为了海上的舰艇、空中的飞机、地面的用户以及靠近地面飞行的卫星使用，可以在全天候的条件下实行连续性的高精度的导航定位，也可以在测量上应用，具有军民两用的价值。它的卫星系统一共有 21 颗，由于卫星的寿命比较短，所以要经常补充新的卫星。苏联的全球卫星导航的系统和美国的 GPS 一样，也是采用两种编码，对民用方面提供的是粗码，对军用提供的是精码，两种数码精度是不一样的。总体来讲，俄罗斯的全球导航卫星的定位精度要比美国的 GPS 的精度略低一些，定位精度一般达到30～100米。1990年，美俄之间曾经达成联合开发导航卫星的协议，准备合作研制一种美、俄两种导航系统共用的接收机，利用这种接收机既可以接受美国卫星的信号也可以接收俄罗斯

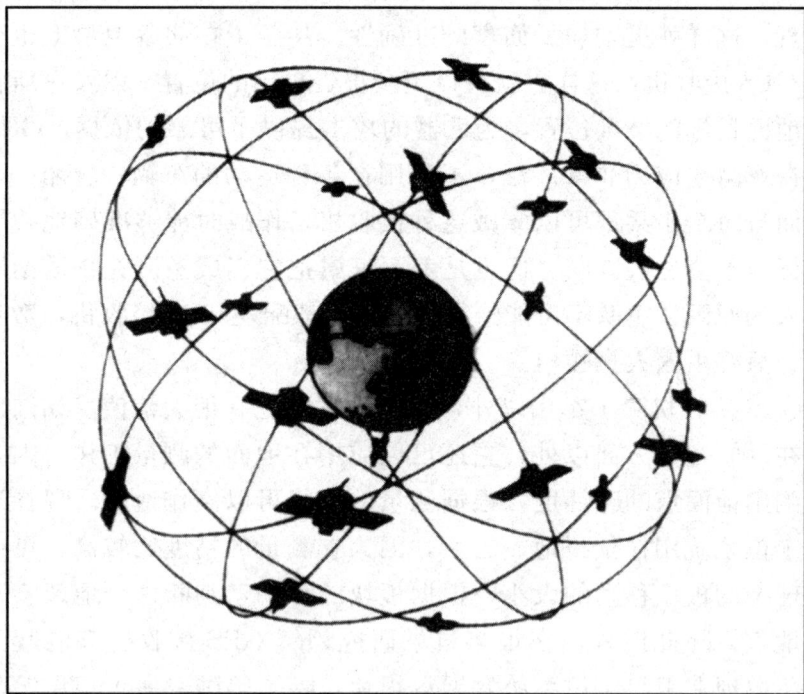

卫星分布图

卫星的信号。这样，导航卫星有效的覆盖率就提高了一倍，相当于卫星数量增加了，全球各地区收到卫星信号的机会就更多，效果当然会更好。可以预测在下一个世纪，世界主要的导航工具恐怕就是利用导航卫星了。这比在开始时利用天文导航，后来利用罗盘导航、无线电导航优越了许多。

"天兵天将"

——"天军"与"天战"

1977 年美国好莱坞电影公司曾经拍摄了一部科幻电影叫作《星球大战》，这部片子主要是描写宇宙空间两军决战，使用的都是一些最尖端的武器，战争非常激烈，描述了一场未来可能面临的比世界大战规模更大的空间战。当然这只是科学幻想，目前并没有出现这样的战争。20世纪80年代，美、苏两国进行军备竞赛，双方都生产了很多核武器，企图称霸世界。1983 年美国政府提出了一项"战略防御倡议"，后来被新闻记者借用电影的名字叫作"星球大战计划"。中心思想是美国认为苏联的导弹是一个很大的威胁，美国一定要执行一项新的防御措施来对付苏联的导弹，要能够在苏联导弹发射到美国国土以前就把它拦截并摧毁。

"星球大战"计划包罗万象，其中最关键的有两大内容，第一项内容叫做弹道导弹防御计划，第二项内容叫做反卫星计划。当时弹道导弹或洲际导弹发展很迅速，美国也好，苏联也罢，都把导弹瞄准了对方，一旦按动了导弹发射按纽，双方都会受到攻击。为了使对方的导弹在没有发射到自己国土以前就被摧毁，美国的"星球大战"计划里提出了 4 层拦截的构想，决不能让导弹飞入自己的国土。第一道拦截叫做助推段拦截。导弹发射 3～5 分钟后，属于垂直向上爬升的阶段，这时导弹喷出火焰，放出大量的红外线。早期的预警卫星就可以根据红外线判断出对方发射导弹了，立即向反导弹卫星发出拦截命令，反导弹卫星是事先布置在宇宙空间的，计划部署 400 多颗，带有激光武器。一旦第一层拦截漏网，还有第二层拦截。洲际导弹一般是由三级火箭发射，到最后一级火箭关机，导弹已经飞出大气层，在这一段进行拦截。一般的洲际导弹穿出大气层这段时间它大约飞行 500 秒钟，可以利用激光武器将它摧毁。第三层拦截叫做中段拦截，就是前两段漏网的导弹，它在宇宙空间飞行的这段时间大约 10～15 分钟，在这段时间内可以用电磁炮或激光炮来攻击导弹的弹头。万一这段又没有拦截住，还有第四层拦截叫做末段拦截，就是当导弹从宇宙空间又返回到大气层，飞向目标的一段时间，可以设法利用反导导弹或其他一些武器来攻击，这也是最后一次机会。要求在每一个阶段都要有很大的命中率，一直把导弹摧毁，让它不能够在自己的国土上降落，这就叫做弹道导弹的防御计划，也叫做洲际导弹的防御计划。

星球大战的第二大内容是反卫星计划，主要是利用太空的空间站和空间飞船，攻击敌国的军用卫星。利用空间站监视敌人的卫星，发出警报，并且利用空间站或飞船的优势对卫星进行攻击，开辟空间

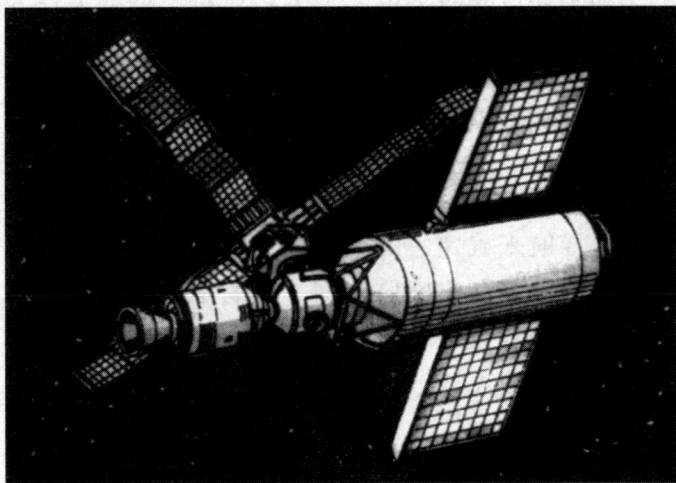

空间基地

战场。

苏联解体以后，美国的对手没有了，曾把计划做了一些调整，但是始终没有取消这项计划。为了夺取宇宙空间新的制高点，控制21世纪的战略主动权，美国一直在继续"星球大战"计划，尽管名称改变了，仍在不断研究，从此掀开了"天战"的帷幕。苏联同样也有所谓的"星球大战"计划，实际上苏联的"星球大战"计划比美国更早一些，但是是在极端保密的情况下进行的。苏联也采取了许多措施，进行大量的投资，主要目的是设法摧毁美国向苏联发射的各种导弹。她们采取的第一种方法是利用太空地雷摧毁美国的战略导弹，太空雷实际上是一种反导弹武器；第二种办法是利用反潜的兵器攻击美国的核潜艇，因为核潜艇可以携带核导弹武器进攻前苏联；第三种办法是在空间利用小型核爆炸的办法使得美国的卫星或导弹迷盲，就是让它的制导系统不起作用，使导弹不能够按照预定的方向进攻前苏联。除此以外它还采取许多伪装措施，防止敌人的导弹进攻。

随着美国"星球大战"计划的出台，有了"天战"的计划以后，随之而来就是建立"天军"。1985年，美国建立了空间司令部，由陆、海、空三军空间指挥机关联合组成，专门执行空间军事任务，表明在美国已经成立了"天军"。目前"天军"共管理三个卫星系统，第一是卫星预警系统，第二是国防气象卫星系统，因为在空间作战气象因素影响很大，所以对气象情况要很好地进行研究，利用气象卫星进行天气预报，第三是卫星导航系统，因为所有的空间武器或地面的武器，都需要利用卫星导航来确定它的位置。除此以外，空间司令部还控制着一个全球性导弹预警和空间监视网，目的是监视地面上的一些武器发射的情况。如发现敌人进攻美国大陆的弹道导弹、轰炸机、巡航导弹等等武器，要做出预先警告，并且采取措施还击。

空间司令部有600多人，其中有300人来自空军，180人是海军和海军陆战队成员，还有120人是陆军。由此可见，天军现在已不仅仅是一个虚设的机构，而是一个实体，这是人类历史上第一个"天军"指挥部。美国这么做了，实际上苏联更早就成立了"天军"指挥部，只是他们没有公开名称。苏联在1964年就成立了空军防御司令部。苏联解体后，在1992年，俄罗斯在苏联国防部的基础上就把军事航天的力量组成了新的独立军种，它的主要任务是负责发射包括侦察卫星、通信卫星、导航卫星和定位卫星等在内的各种航天器，负责军用的航天系统的管理，使用和作战指挥，负责空间反导弹系统、反卫星系统和卫星防御系统的指挥和控制。

　　"天军"使用的武器和陆、海、空军常规武器是不一样的，常规炮弹对付导弹或卫星很难发挥作用。天军的主要武器有两类：一类叫做定向能武器，这种武器目前各个发达国家都在研制，有的已经进入了实验阶段。定向能武器就是将很强的能量集中起来，向一个方向发射，用高能量的射束来杀伤和摧毁目标。比如，激光武器就属于定向能武器，除去高能激光武器以外，还有粒子束武器、等离子体炮、微波武器，这些都属于定向能武器；另一类叫做动能武器，就是结合自动寻找目标的技术用直接碰撞来摧毁目标的武器，比如，反卫星导弹、电磁炮、太空雷等等，都是反导弹的武器，现在很多国家都发展这些武器。

　　天战要靠天军来进行，航天飞机是天军使用的最好的运输工具和武器。航天飞机是一种可以重复使用的航天飞行器，它比火箭、卫星、飞船等具有更多的优点和灵活性，用途更加广泛。它不仅可以当作武器使用，而且还可以检修、回收卫星，所以它的作用非常大。它也可以担任侦察、运输任务。美国已经发射了多次航天飞机，其他国家现在也在研究，俄罗斯、欧洲国家、日本也都在研究自己国家的航天飞机。空间站是天战的空间基地，空间站被称作是未来天战的"航天航母"。因为空间站可以长期在空间运行，它可以进行侦察，也可携带武器，可以直接参战，也可以支持航天飞机或其他的航天武器以它为基地进行空间战。

　　航天飞机靠火箭的力量垂直起飞，并且可以像飞机一样水平降

航天飞机

落，可以重复使用。航天飞机也有不足之处，它只能在没有空气的宇宙空间里按照一定的轨道运行，不能随意自由飞行。目前在航天飞机的基础上又在研究一种"空天飞机"，它和航天飞机的区别是装有两台发动机，有一台是火箭发动机，自己携带着燃料和氧化剂，使空天飞机像火箭一样升空。另外还装有一台航空发动机，带着燃料，但是它必须依靠空气中的氧气来燃烧并推动飞机前进，因此，空天飞机兼有普通航空飞机和航天飞机的特点，它既能在空间运行也能在空气中飞行，它的机动性、灵活性更强。除去美国以外，英国、法国、俄国、日本、德国都在研究空天飞机。一方面是为了航天科技的发展，当然也是为了建立"天军"的需要。

空天飞机

战场"恶魔"

——核、生、化武器

在战争中，用来对敌人进行大范围杀伤和破坏，使用后能够使敌人蒙受巨大损失并造成强烈的心理和精神影响的武器，称为大规模杀伤性武器，也叫做大规模毁灭性武器。这类武器目前主要有核武器、放射性武器、化学武器和生物武器，今后也可能会制造出具有相同杀伤或破坏作用的新的大规模杀伤性武器。

核武器的杀伤破坏因素主要是冲击波、光辐射、核辐射和放射性沾染。核武器能杀伤一定范围内的生物，破坏各种建筑设施；放射性沾染能够引起放射病并遗传后代；化学武器和生物武器虽然不破坏建筑物，但是能够污染环境，引起疾病的流行，造成人畜的死亡。正是因为这些原因，国际上强烈要求在战争中禁止使用大规模杀伤性武器。到目前为止，国际上已经签订了禁止使用化学武器、生物武器，禁止核实验等条约。世界上大部分国家也都参加了条约，并且签了字。尽管如此，由于现在许多国家都还保存有这三种武器，并且有些国家仍然在秘密生产这些武器，因此，对这些武器的防护措施仍要有所加强，有备防患。

核武器出现以后，引起了一场核竞赛。超级大国竞相发展核武器，但是真正使用核武器也受到了一定的限制，因为核武器一旦使用，造成的危害是非常大的，并且影响深远。冷战后期，美、苏两个核大国

常规炸药　　　　中子源　　　　　　中子反射层

裂变物质

引爆装置

原子弹

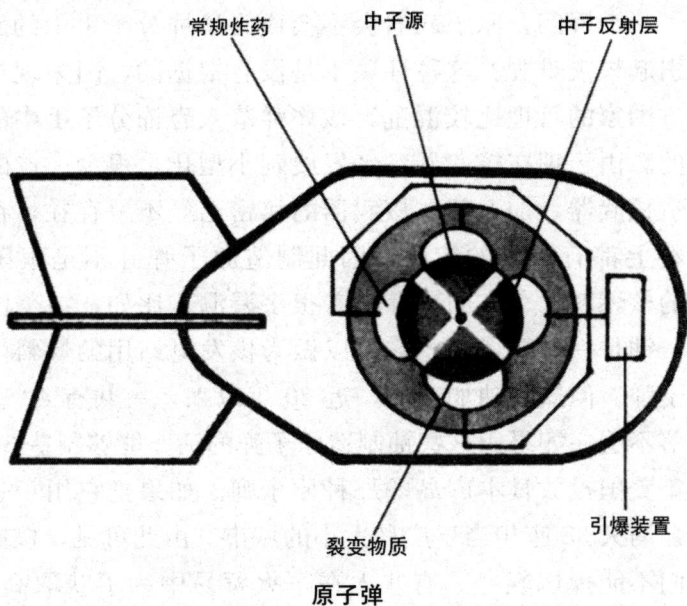

力量处于均衡状态，谁也没有把握用一次大规模的核袭击就能够摧毁对方全部核武器，而又不遭到对方的反击。因此，想在核战争中获胜，谁也没有把握。同时核武器巨大的杀伤力和破坏力与战争根本目的之间的矛盾也无法解决。如果全世界都毁灭了，战争也就没有任何意义，因为超级大国进行战争主要是为了获取政治或经济方面的利益。核战争的破坏力极大，特别是在经济发达地区，即便是取得胜利，对方得到的好处也不多。由于现在防御武器发展也很快，核武器使用过程中很可能被摧毁，特别是在核导弹刚刚发射时，如果对方就把它摧毁的话，那么爆炸的碎片就落到自己的国土上，这样自己反而受到很大损失。所以，核战争的爆发受到一定的限制，大家都不敢使用核武器，那么是不是就没有核威胁了呢？根据现在国际形势发展来看，也不能这么认为。

这些年来国际上恐怖主义分子经常进行一些绑架人质、袭击机场、暗杀政府要员，在公共场合制造爆炸事件等恐怖活动。因此，有人就提出了一个疑问，原子武器会不会成为恐怖分子手中的武器？并且由此而引起核灾难呢？这种怀疑不是没有根据的，因为现在制造核武器在西方国家的管理比较混乱，核炸弹落入恐怖分子手中的可能性是非常大的。由于现在核武器已经发展到小型化，很少一点的核燃料就可以制造核武器，加上现在核武器的秘密已经不复存在，在很多公开文献资料上都有详尽的记载，因此制造原子弹并不是很困难的事情。现在的核燃料贮存方面也存在着很多漏洞，比如，在美国有一个铀加工厂，铀是一种核燃料，它可以做为核发电站用的燃料，同样可以制造原子弹。但这个铀加工厂，近 20 年以来，一共有 42 千克高浓缩的铀下落不明。如果用这些铀制造原子弹的话，能够制造 38 颗威力相当于当年美国投放日本广岛的那种原子弹。如果把它用于恐怖活动的话，将会消灭 38 座相当于广岛大小的城市。由此可见，核威胁仍然存在，人们不能掉以轻心。有些人在军火贸易中为了获取高额利润，贩卖原子武器的情况也曾经发生过，虽然最后没有成功，但是这种情况令人大为震惊。核电站在全世界已经很普遍，尽管安全措施十分严密，由于种种原因出现核泄露的情况也曾在前苏联发生过，如何防护及消除核污染也是值得重视的问题。对核武器的集体防护，最有效的是有滤尘器装置的地下工事。个人也要有防护常识，不要因为好奇，随意接触放射性物质。如在野外遇核爆炸，首先要保护人眼免受闪光的伤害，另外要尽量利用地形隐蔽自己，或立即跳入水中，也可以迅速跑往上风方向。

生物武器也是一种大规模的杀伤武器，利用炮弹、炸弹、火箭弹或一些布洒器，把病菌释放到敌人方面，它可以杀伤人畜，也可以损坏植物。过去把这种武器叫做细菌武器。近年来又发展了基因武器，利用遗传工程技术制造武器，也属于生物武器的一种。根据人们的需要，在一些能使人得病的细菌或病毒中接入对抗普通疫苗或药物的基因，或者是在一些本来不会使人得病的微生物体里接入致病的基因，因而可以制造出一种新的生物战剂。概括地说，就是利用遗传工程的办法改变了细菌或病毒，使得本来不会得病的细菌变成能致病的细菌，本来可以用疫苗预防的由细菌造成的病变得难以预防及治疗。因此，基因武器是离不开生物的，所以基因武器也是生物武器的一种，但是，它比普通细菌武器更厉害。生物武器在第一次世界大战时曾经使用过，第二次世界大战时，日本曾经在我国的哈尔滨建立了一个731部队，专门培养细菌，并且还惨无人道地用中国人进行细菌武器效应的实验，使数以千计的中国人惨遭杀害。这期间生产的都是烈性的致病细菌，比如像鼠疫、霍乱、伤寒等，并且利用飞机把带病菌的昆虫及脏东西洒布到中国广大地区，造成传染病的流行。20世纪50年代，美军在侵朝战争中，也曾在朝鲜北部和我国东北地区多次使用过细菌武器，企图造成疫区，使我后方陷于瘫痪，由于我方军民采取有效措施，敌人的阴谋没能得逞。

现在有很多国家研究生物武器，特别是军事大国一直在秘密研制、发展生物武器，并且已经装备部队。生物武器和常规武器比较，有它的特点，它致病力强，传染性大，都是烈性传染病，污染面积很大，并且危害时间很长，可以随风飘到很远的地方。因此，在长达几个月，甚至于几年之内这些细菌都能存活，并且造成危害。生物武器传染的途径也很多，可以通过各种途径使人感染，比如从食物、昆虫的叮咬、伤口的污染都容易使人得病。这种武器成本比较低，比常规武器成本要低得多，所以很容易生产。这种武器对生物有杀伤作用，但是对物资、装备、建筑物没有破坏作用，因此，利用这种武器如果袭击成功后，占领者可以得到战利品，所以在战略上有优越性。怎样防备生物武器也应该从它有局限性的特点着手。

生物武器受气象和地形等自然条件影响比较大，生物武器主要是靠一些活的微生物来传播。因为微生物需要一定的生活环境，无论是生产、储存、运输、使用等过程中，如果遇到寒冷季节，很多小动物都会冻死，受强烈的阳光照射有些细菌也会死亡，所以它的使用受到一定的限制。由于现在社会卫生防疫措施有很大的改进，使用生物武器的作用也会受到一定的影响。生物武器侵入到人体后不会马上发病，它有一定的潜伏期，不会立即使人员丧失战斗力。生物武器不分敌我，如果控制不当，自己这一方没有做好防护准备，也会伤害自身，所以使用生物武器有一定的局限性。了解了这些局限性以后，有利于采取防护措施，预防和减小生物武器的危害。

化学武器过去叫做毒气，在第一次世界大战时，德国最先使用了化学武器，使得当时英、法联军受到了很大损失。当时英、法联军有15000多人中毒，其中5000人由于中毒严重而死亡。德国发射的毒气是氯气，是一种黄色的烟云状的气体，有怪味，毒性很强。德国使用这种武器后，由于他们自己防护能力比较差，占领阵地比较快，通过对方阵地时，自己也有数千人中毒，这次毒气战开创了战争中大规模使用化学武器的先例。在第一次世界大战中，交战各国使用化学毒气炮弹共有6600万发，使用的毒剂有54种之多，总计有12万吨。军队死亡的人数有88万人，与平民中毒人数加在一起共有133万人。在第二次世界大战期间，德国在集中营用毒气杀害犹太人有500多万人。日本侵华战争中也使用了毒气，据统计有2000多次。在河北定县一个村子里，日本军队使用毒气，杀害了藏在地道中的800多人，造成一次大惨案。

美国军队在朝鲜战争期间，对中朝部队也曾经使用化学武器，有200多次，有一次曾造成480人死亡。在越南战争中，美军也曾经使用化学武器，造成越方150万人中毒。化学武器是用毒害办法使得人或牲畜受到杀伤，毒剂可以装填在炮弹、火箭弹、炸弹、导弹、地雷、手榴弹里，装上这些毒剂的武器，就叫做化学武器。现在很多军事大国仍然在继续研究生产化学武器。化学武器的特点是杀伤力强，同时也是一种比较廉价的武器。化学毒剂是化学武器的基础，但是它在制造、储存和运输中往往容易发生事故，由于工作人员失误，或是由于搬运过程中不小心可能造成毒气泄漏。世界上因毒气泄漏使当地居民受到毒剂的侵害的事件时有发生。由于毒剂有这些缺点，现在又发明

防化兵

了一种"二元化学武器"，这种化学武器是将两种可以合成毒剂的无毒或低毒物质分别装在弹体中的两个容器中，当投射到敌方以后，这两个容器中的隔离膜破裂，两种药剂混合以后，产生一种化学反应，就形成一种新的有毒的毒剂。这种毒剂的特点是，在运输、储存、生产中比较安全，因为它是两种化学物质组成，单独一种毒性很小，甚至没有毒性，但只要混合起来它就会变成有很大毒性的毒气。这种毒剂比较容易生产，二元毒气中每一种化学物质本身不能算是有毒的物质，一般的工厂就可以生产，所以现在各个国家都在研究生产这种毒剂，取代过去的危险性很强的化学毒剂。

对核武器、化学武器、生物武器如何防护，在军事上叫"三防"。现在已研究出了很多有效的办法。作为集体防护，可以利用永备工事、野战工事、坑道，在坑道里配备滤毒通风系统，毒气经过过滤，就不会伤害隐蔽部里的人员。对于个人来说，穿防护服，可以防止污染及毒气进入到人体里，还要配戴防毒面具。另外还有一些药物防护措施，打一些预防针，或是中毒以后注射解毒针剂，利用药物来清洗皮肤等等。在防护方面，现在一般的兵器中，特别是装甲车、坦克都有"三防"措施，比如装甲车、坦克，当它遇到了核生化武器攻击时，立即关闭窗口，打开增压过滤装置，使毒气进不来。法国的便携式防毒隐蔽部，可供 60 人在核生化污染条件下居住 48 小时。美国的可移动野外轻便掩蔽部，每套不到 300 千克，可供 10 人使用 500 小时。

三位一体

——战略核力量

1945 年，美国在日本的广岛、长崎分别扔了 2 颗原子弹，后来核武器在世界范围内迅速发展，超级大国以核军备为其争霸世界的实力基础，极力进行核优势的角逐，所以，核战争的理论也逐步形成和发展起来了。

20 世纪 50 年代，美国研制和生产核武器处于领先地位，因此，把争霸世界的欲望就寄托在核武器的优势上，并且还宣布，一旦战争对她不利的话，就要无限制地使用核武器，进行全面的核战争。50 年代中期，前苏联的核武器也迅速发展起来了，极力与美国争夺核霸主地位。到了 70 年代，由于美苏竞相发展核武器，他们的核力量达到了均衡状态，在这种情况下，谁想在核战争中获胜都没有把握，致使核大战在短时间内不会发生。再加上全世界广大人民群众呼吁反对核战争，销毁核武器。在这种潮流下，超级大国也不得不做出一些姿态，表示今

核潜艇武器

后不再进行核竞赛，但到目前为止还没有完全做到销毁所有的核武器，有一些发展中国家仍然进行核武器的研制和生产，现在全世界有30多个国家和地区有制造核武器的能力。

苏联解体以后，国际形势发生了变化，出现了多极化的倾向。在这种情况下，美国、俄罗斯和法国，他们对战略核力量的结构提出了一些新的观点，提出了一种"三位一体"的战略核力量。三位一体的意思是要发展三种武器，配合使用，一是由陆地发射的战略洲际导弹或中程弹道导弹，二是由潜艇发射的战略导弹，三是战略轰炸机。三种战略核力量各有长短，互相搭配，取长补短，以增强核威慑的有效性。所以，现在军事大国还是强调在核威慑的情况下进行局部战争，因为核大战一时打不起来，还要依靠常规战争，但是以核威慑作为条件，就是依靠大量的核武器作为后盾，如果常规战争打不赢，就要使用核武器。

威慑本来的含义是以声势或威力相慑服，是利用武力使对方感到恐惧，使人害怕，并且要别人服从他的意志。威慑实际上是以实力为后盾，通过威胁构成心理上的压力，使得对方认识到由于面临着无法承受的后果，而不敢冒然采取行动，使其行动有所收敛或是被迫停止某些行动，以达到征服对手的目的。威慑并不是虚张声势，也不是双方直接以战争的形式交手，而是以雄厚的实力为基础，通过种种手段巧妙地运用威慑使得对方不敢冒然行动。所以现在军事大国还是采取核威慑条件下推行常规战争的战略方针，因此，对待核威慑这个问题我们也不能掉以轻心。虽然核战争一时打不起来，但是由于核威慑的存在，必须发展我们的核力量来对抗核武器，同时我们也不会因为核威胁而不敢独立行使自己的外交主权。

这几个军事大国现在推行三位一体的战略核力量的方针，因为这三种武器可以进行核战争，也可以用于常规战争。陆基战略导弹大多数都部署在地下的发射井里，也有少数是装在重型的车辆上，便于在一定范围内机动。这类导弹特别是洲际导弹射程远，飞行速度快，弹头威力大，命中精度高，毁伤能力大，指挥控制也比较可靠，目前，它是三位一体战略力量的主力军。在地下井发射的战略导弹仍然可能被对方的导弹击中，从80年代开始，在井下发射的导弹逐渐被地面机动发射的战略导弹取代了。

潜射弹道导弹利用潜艇发射，它的长处是潜水艇在水下活动，隐蔽性好，不容易被发现，生存能力很强。缺点是在潜艇里面发射，导弹的体积和重量受到潜艇载重量的限制，弹头的威力相对来说比较小，命中精度也不如在陆地上发射的大型导弹那么高。潜艇在水下航行通信联络比较困难，指挥控制受到一定的影响。目前，主要的发展趋势是增大潜艇发射弹道导弹的射程，使潜艇在距目标更远一点的地方发射，这样就不容易被对方的导弹击毁。

战略轰炸机虽然是一种常规武器，但是现在也有新的发展。它的最大特点是有人驾驶，机动灵活，可以反复使用，可以装多种核武器，如核炸弹、核导弹。弱点是飞行速度比较慢，到达目标飞行的时间长，突防能力差，战时需要有战斗机护航。发展方向主要是采用隐身技术，使对方雷达难以发现。

这三种武器在作战时怎样使用呢？

战略弹道导弹的发射有一种是在地下井发射，一种是在地面上机动发射。在导弹发展初期大部分都是地下井发射，因为导弹体积很大，放在地下井里比较隐蔽，不容易被发现。在地下井发射有两种方法：一种叫热发射，一种叫冷发射，所谓热发射就是导弹的发动机在井下点火，因此，井内要承受发动机排出的火焰和高温燃起的影响，所以称为热发射。冷发射就是导弹发射开始时先不点火，而是借助压缩空气，先把导弹从井下弹出去，当导弹飞离井口以后再开始点火，这样发射井就不必承受高温燃汽的影响，便于重复使用。

由于现在的导弹打击的精度越来越高，因此，在固定发射井里发射的弱点就暴露出来了，一旦发射井被敌人发现，被摧毁的可能性是非常大的。由于现在空中侦察卫星发展得很快，很多国家都发射了侦察卫星，从侦察卫星拍的照片上很容易判别发射井的位置，尽管发射井进行了各种伪装。因为导弹的体积很大，即使导弹分成很多部分运输，每一个部件的体积仍然是很大的，从工厂把导弹的部件运到发射井，必须有高级公路和大型的运输车才成。在卫星照片上分析道路的情况可以很容易地发现发射井的位置。由于导弹技术的发展，战略导弹的体积缩小了，因此，现在大多数战略导弹都利用机动发射的办法，就是把它放在大型车辆或者放到铁路专用列车上，携带导弹发射装置和导弹，平时在路上做无规律的机动，没有一个固定的位置，所以对方不容易侦察到它的确切位置，难以对它发动攻击。

战略核导弹威力很大，苏联研制的洲际导弹，弹头的威力比当年美国在日本广岛投的那颗原子弹的威力要大 1250 倍，所以它的摧毁能力比以前要大得多。当年美国在日本广岛投的原子弹把整个城市的80％地区的建筑物都摧毁了，伤亡的人数占全市人口的 60％左右。但和现代核武器比，真是"小巫见大巫"。

激光武器

随着现代科学技术的发展，发明了很多种防御性武器，可以拦截弹道导弹，一旦导弹被拦截，这颗导弹也就失去了作用。所以现在的洲际导弹都是多弹头导弹，一个导弹可以带许多弹头，即使一个弹头或几个弹头被拦截了，它还有另外几个弹头，这颗导弹的作用仍然可以发挥。美国和前苏联都发展了多弹头导弹，一个母弹里有 12～14 个子弹，子弹头可以从不同的方向，不同的时间，不同的高度投向同一个目标。由于使用多弹头，和一般导弹比较打击面积扩大了许多。

潜地战略核导弹是由潜水艇发射的战略核导弹，它是三位一体战略核力量的重要组成部分。由于潜水艇的机动性好，生存能力强，突袭性也强，在水下航行比较隐蔽，因此，在第二次世界大战以后的 50 年来，英、美、法、俄等国都制造了潜地核导弹。世界上第一次在水下发射导弹是 1960 年，美国首先实验成功。在水下发射核导弹有一个很大的困难，我们都知道水火不相容，因为火箭发动机要喷出火焰，产生反作用力才能把导弹发射出去，但是在水下，火是点不着的。所以，在水下发射火箭要采取一些新的办法，潜射导弹是在导弹发射筒里存放的，发射时首先要打开发射筒的盖子，由于受到水的压力，要想打开盖子也不太容易，必须先用高压气体增加发射筒里的压力，当内部压力和外面水的压力相等时，盖子才能打开。为了防止海水进到火箭筒里去，特地安装了防水的隔膜，如果水灌进，火箭又发射不了。盖子打开以后，利用压缩空气或者用燃汽发射器，也有用助推火箭的，总之是用一种外力的作用把导弹推出发射筒。当导弹冲出水面以后，自动点火，导弹就可以在空中运行了。当导弹脱离了潜艇以后，为了保证潜艇的平衡，赶紧向发射筒灌海水。

在水下发射首先要解决防水问题，所以技术上比较复杂。有些国家像法国，他们采取了类似于发射鱼雷的办法在潜艇里发射导弹。把导弹放在特制的鱼雷里，鱼雷本身有一个固体火箭发动机，在潜艇里把鱼雷先推出艇外，鱼雷就可以自己航行，航行到安全距离以外，鱼雷飞出水面，到一定高度时外壳自动脱落，利用燃汽发生器，把导弹从鱼雷里发射出去，以后导弹再点火，继续向前飞行，这也是在潜艇里发射弹道导弹的一种形式。

关于战略轰炸机，目前世界上比较著名的是美国 B－2 型轰炸机，这种轰炸机比较先进，是在 80 年代末美国研制出来的。飞机长 21 米，高 5 米多，有一个大的三角形机翼，面积是 447 平方米。它装有四台涡扇发动机，航程可以达到 10000 千米。用于进行洲际轰炸，如果进行空中加油，它的航程可以达到 2 万千米左右，几乎可以飞过半个地球的距离。轰炸机可以携带 18 吨炸弹或者带 16 枚短程攻击导弹，也可以携带核弹。这种飞机全身是黑颜色的，机身和机翼融为一体，采用的是吸收雷达波的复合材料，所以雷达在探测它时很困难，在正常

轰炸机

的探测距离下，B—2型飞机在雷达荧光屏的信号仅相当于一只小鸟，这种飞机造价昂贵，每架8亿美元左右，相当于人民币70个亿。

前苏联也发明一种叫做图—160超音速战略轰炸机，也是一种大型的战略轰炸机。它是在1989年时正式服役的，这种轰炸机的翅膀可以向后转动变成后掠翼，飞机乘员共有4人，可以携带在空中发射的巡航导弹，这种巡航导弹射程有3000千米，可以携带核弹头，也可以携带普通的炸弹和导弹，作战半径达到7300千米。由于苏联战略轰炸机考虑到只能在自己的国家起飞和降落，因此它要携带更多的燃油，不像美国的飞机，可以在西欧一些盟国的机场着陆，所以它的带油量不需要太多。我国军队也装备有这三种战略武器。

假戏真唱
——作战模拟技术

　　中国历史上春秋战国时代，当时的社会属于大变动时期，这个时期出现了许多思想主张，形成了一种百家争鸣的局面。其中影响最大的一个是孔子，他开创了"儒家"；一个是墨子，开创的是"墨家"，这两种学说在当时是比较著名的，对中华民族的发展有很大影响。墨家的创始人墨子，姓墨名翟。在他写的书里记录了一个故事。当时鲁国有个能工巧匠叫公输般，他帮助楚国制造了攻城用的云梯，楚国扬言用云梯攻打宋国。墨子听说了这件事情，就走到楚国国都会见了公输般并对他说，你发明云梯准备帮助楚国打仗，但是战争是件不好的事情，要死很多人。劝他不要发动这场战争。公输般很不高兴，因为他发明了这种新的工具很想露一手。于是公输般和墨子一起去见楚王，墨子见到了楚王就劝楚王不要发动战争，他说楚国很大，物产也很丰富，宋国是个小国，你们攻打他是一种不讲道义的行为。楚王说，公输般已经帮我造好了云梯，我要试一试，所以一定要攻打宋国。这时楚王就让公输般演示云梯的几种使用方法，当时墨子就把自己的腰带解下来围成一座城墙的样子，用一些小木片把它当做守城的器械。公输般拿出他设计的云梯模型以及其他攻城工具，双方利用模型进行了一场攻防战斗。公输般每一次利用一种攻城的器械来进攻，墨子就用他的办法破了攻城器械的进攻。前后一共比了 9 次，墨子都把公输

墨子会见楚王

般打败了。公输般的办法用光了，墨子说，防御的办法我还有。公输般很不服气地说，我还有一个办法对付你，但是我不说。楚王问他，你为什么不说？墨子替他回答，他的意思我明白，不过是想把我杀了。他以为把我杀了，宋国就再没有人知道我的守城办法，其实我手下有200多个弟子，他们已经把我设计的守城器械都准备好了，你们要去的话，恐怕也没有什么好下场，即使杀了我一个人，守城的这些人你们是杀不尽的。楚王听了这个话以后说，那我就不攻打宋国了，就这样改变了主意。墨子制止了一场战争，墨家一直是反对非正义战争的。这个故事说明了，双方没有实地交战，只是利用模拟的方式演示双方进攻和防守的办法、对策，最后分出胜负。

所谓模拟，说得更准确一些就是对客观的事物和系统的功能以及行为进行模仿，近似地反映客观事物和系统的本质及主要的特征。作战模拟一般是指运用一些实物、文字、模型来模仿真实作战的过程和作战的行为。进行作战模拟的目的就是通过模仿军事活动的发展过程，揭示军事活动的规律，促进作战训练和军事科研等任务的完成。

作战模拟实际上是提供了一个作战实验室，在这个实验室里可以模拟复杂的作战环境和作战过程进行实验，并且可以预测作战计划可能达到的效果，将来真正作战时，指挥员已经心中有数了，所以作战模拟是研究战争的有效手段。作战模拟的方法有很多，有一种叫人工作战模拟，比如，士兵演习就是模拟战争环境进行演练。沙盘作业就是把准备作战的地区做成沙盘模型，在模型上利用一些武器模型，摆出双方的阵容来模拟作战的情况，看看可能会出现什么问题，采用哪种作战方案更好。图上作业，就是在地图上分析敌我双方的情况，设计出我方作战方案，预测将来作战的效果等等。前面讲的故事实际上就是人工作战模拟。作战模拟的方法还有计算机作战模拟和人—机作战模拟。过去一般都采用人工作战模拟的办法。自从计算机研制出来以后，

飞行模拟器

利用计算机模拟也就发展起来了，事先把作战的内容编成计算机程序，然后在计算机上进行各种方案的比较、选择、论证，最后得出结论。

作战模拟经历了几个阶段，最初是利用机械、模型、沙盘和图上作业进行，后来又利用计算机进行，进入20世纪90年代以后，又开始使用了虚拟现实技术，可以说，作战模拟技术是军事科学发展的前奏。利用模型进行作战模拟优点很多：一是易于操作，在模型里操作比现实中操作方便得多；二是便于实现，因为有些军事活动实现起来是很难的，比如，发射战略核武器，在训练时不可能发射真的核武器，只能用模拟的方法来进行；三是节省时间，有些事物的发展过程往往要持续很长时间，但是模拟现实可以简化各种情况，很快地抓住事情的本质。利用作战模拟的方法也需要做必要的准备工作，那就是要事先建立一些模型，在这些模型的基础上再进行模拟活动。

建立模型是作战模拟技术的最大难点，因为建立的模型不可能和实际完全一样，只能抓住它的主要特征。利用这种模型来进行作战模拟，不可能和现实情况百分之百的相同，得到的结论只能作为参考。再一个难点是作战模拟技术如何进行检验和评价。也就是说，我们做了这个实验，但是这个实验是成功还是不成功，没有一个客观的标准来衡量。因为现在用的是模拟的情况，实际上事情并没有发生，只是一种假设。到底怎样来检验结果呢？当然只有实践才是检验真理的标准。比如，我们做了一个某次战争的模拟，最终还是要通过实地演习的办法演练一遍，看看在模型上做的战争模拟是不是可行。但有些模拟不可能百分之百地加以检验，因此模拟结果和实际结果符合程度总是有一定的差距，但是做模拟比不做模拟要好得多。

作战模拟在军事上应用十分广泛，它可以用于作战研究、军事训练、新的武器装备实验、作战指挥、后勤保障、战略研究、规划计划等。利用作战模拟技术如何进行作战研究呢？例如，在海湾战争时，美军利用美国公司提供的图形评估系统，分析他们的作战计划合适不合适。他们通过模拟预测到多国部队应该在西侧迂回进攻得胜的可能性比较大，因为伊拉克防御体系、兵力部署及反抗能力等情况通过计算机都把它模拟出来了。实践证明，最后实战和他们事先模拟的结果还是比较接近的。作战模拟不仅仅在现代战争中用过，在第一次世界大战及第二次世界大战时都用过。第一次世界大战时，俄国总参谋部战前就利用模型来推演对德国作战的计划，在模拟过程中发现自己计划有些薄弱环节应该改进。德国也针对当时的战场进行了模拟，发现俄军部署上有一些缺陷，于是他们采取了合理的战术，最后取得了很大的胜利。在第二次世界大战时，德国的"闪电战计划"在付诸实施以前也进行过很周密的作战模拟，由于事先做了作战模拟训练，使得德军指挥官对作战计划都很熟悉，因此，能迅速达到了作战目的。

在"海湾战争"之前，美军就做过模拟演习，根据演习提出了自己的作战计划，训练了指挥员，当这场战争真的发生了，他们的思想上已经有所准备。美军特别重视作战模拟演习，美国和韩国军队每年都要在朝鲜半岛做这种演习，1995年，美、韩军队就有6万人参加。一旦发生了战争，各个部队应该采取什么样的紧急行动，怎样协同作战，都能作到心中有数。他们主要是利用计算机进行作战模拟演习，这样做大大节省了开支，减少了演习的消耗及事故的发生，这是一种有效的而且经济的办法。

作战模拟特别适用于培养驾驶员和武器装备的操作手。在这方面它有独特的功能，比如各种车辆的驾驶员、坦克驾驶员、装甲车驾驶员或是飞机驾驶员，都可以利用模拟器进行训练。训练到一定程度后再进行真实的驾驶和武器训练。据统计使用飞机训练模拟器培训飞行员的费用只是实际飞行训练费用的10%，因此各国军队都利用这种训练器材来训练飞机驾驶员。训练炮兵也不可能一开始就用实弹射击的办法，开始训练时都是使用射击模拟器，熟练了以后再进行实弹演习。步枪、手枪训练也要经过这个过程。另外，培训检修人员也可采用模拟器，现代的兵器和装备都很复杂，坦克、飞机、军舰，出了事故怎么样检查，怎样排除故障，不可能等到机器真的出了故障以后再去训练。模拟故障来培训检修人员可以节省经费，并且能够达到很好的效果，还可以反复练习。弹道导弹的发射也不可能经常进行实弹演习，只能在模拟器上进行训练。有些项目不可能做实战演习，如宇航员的训练，宇航员将来在飞船上或在空间站上工作，他要面临失重等情况。都要在地面上的模拟器里进行空间失重情况下工作的训练。经过一定的训练以后才能到宇宙空间里担任宇航员的工作。穿上宇航服在空中行走，要在地面的大水池中经过很多次的模拟练习，到太空才能适应。

各种武器的设计、研制，也需要运用作战模拟技术。研究一种新的武器，制造出样机以后要进行很多次实验，这些实验不可能完全利用实弹。比如研究一种新型的地空导弹，研究出来以后如果不进行模拟，必须利用样品进行实弹射击，通过射击发现问题再改进。美国研究了一种防空导弹，为了了解它的性能，曾经进行过 1000 多次试射，发现问题，改进设计方案。如果采取了模拟仿真技术，就不需要进行大量实弹射击。英国研究地空导弹时由于采取了这种技术，只进行了92 次的实弹射击就完成了研制任务，不需要再进行上百成千次实验了，节省了经费，同时也缩短了研究新武器的时间。核武器的研制更是如此，如果进行核实验，费用是很高的。何况目前各国签订的禁止核实验条约，不允许再进行核实验，因此只能进行模拟实验来检验新武器的效果。化学武器也是这样的，化学武器有毒性，这种实验如果用真的武器来做是很危险的事情，用模拟的办法就方便、安全多了。

由于计算机的发展，模拟技术的发展也很快，效果也越来越好。目前发展最快的是虚拟现实技术。虚拟现实技术是20世纪80年代出现的一种新的技术领域，是在计算机多媒体技术的基础上发展起来的，进入90年代以后，这种技术发展得越来越成熟。虚拟技术也叫做灵境技术，虚拟现实是一种计算机人—机交互技术，它综合了计算机图形技术、仿真技术、传感技术、显示技术，利用计算机产生逼真的立体图像，创造视觉、听觉、触觉形成的虚拟世界。人戴上一个头盔显示器，通过计算机就可以进到立体的环境里，戴上一双数据手套，可以有一种触觉感，摸一摸虚拟世界里的东西，对物体的软、硬都有感觉。再利用立体声耳机和相应的软件，操作者就可以有身临其境的感觉。人完全进入了计算机所创造的图形世界里去，和真实的世界一模一样。所以虚拟现实技术用于作战模拟是一种最好的方法。

利用作战模拟技术还可以进行两军对抗演习，所谓对抗演习就是可以模拟作战双方，兵来将往，各自发挥各自兵器的优势，在计算机里进行一场"假戏真唱"的模拟战争。这种模拟真实感很强，可以模拟整个战争发展的各个阶段，最后可以通过模拟决出胜负。这对培养作战的高级指挥官来说是很有价值的方法，不论是在美国或是其他国家，军事院校里都在采用这种技术。比如美国国防大学里专门有这方面的课程，学员必须参加这种模拟训练。美国的海军学院，一年里要进行 50 多次作战模拟训练。美国国防部《国防科学技术战略》中把建

虚拟现实

模与仿真技术列为重点投资的三大技术领域，另外两项是信息科技和探测器技术，可见他们对模拟技术的重视程度。我国国防大学也研究了作战模拟系统，利用计算机进行作战模拟训练，这对于培养我军高级指挥员起到很好的作用。